変わる！

大和総研
中里幸聖 著

農業金融

儲かる"企業化する農業"の仕組み

日刊工業新聞社

はじめに　―日本農業の変化は不可避である―

　農業は生命の根源である"食"を生み出すものである。近代資本主義の尺度である貨幣換算した価値、すなわちGDPなどにおいては農業の比重は1％強と小さいが、生命の根源に関わるものであり、経済の基盤を成すものと言える。

　しかし、わが国の農業は大きな岐路に立っている。このまま手をこまぬいていては、わが国の農業生産は絶えてしまいかねない。

　わが国の基幹的農業従事者は、65歳以上の高齢者が6〜7割を占める。農作業などで日々体を動かしていることもあり、元気な方も多いと思われるが、それでもあと10年もすれば実質的に引退する人が大半を占めることとなろう。彼らの子供は30代以上と思われ、現時点で農業を継いでなければ、今後も農業を継ぐ可能性は低いであろう。つまり、現状の小規模家族経営を主体とする農業を継続するならば、農業生産者が物理的にほとんどいなくなってしまうことになる。

　一方、組織化され大規模化した農業経営体も増えつつある。今後のわが国の農業経営は、従来の小規模家族経営から企業的な組織経営体が中心となると見込まれる。すなわち"企業化する農業"がキーワードとなる。

　農産物の自給率については、カロリーベースでの議論も去ることながら、大豆などの和食の根幹を支える食材の物理的な自給率の低さが問題である。大豆は醤油、豆腐、納豆をはじめとして和食の根幹を構成する食材である。

　食の安全保障の観点はもちろんのこと、日本文化の根源に関わる問題である。「根幹」「根源」という言葉を使ったが、要は「根っこ」である農業がこのような状況では、日本は「切り花国家」となってしまっているということで、激動する国際情勢の中での先行きは心もとない。

ただ、幸いなことにわが国の農業は停滞から成長へ向かって動き出している。"企業化する農業"の動きはすでに始まっており、この流れは今後大きな潮流となるだろう。それは、農業と周辺産業が相互に影響を及ぼしながら進んでいくと思われる。

　本書では、そうした観点から、「農業の戦後〜現在〜未来」を描きつつ、農業に関わる金融分野に焦点をあてる。"企業化する農業"の動きは金融機関のビジネス拡大のチャンスであると同時に、金融機関が"企業化する農業"の動きを後押しすることが期待されている。

　なお、本書でいう農業の「企業化」は、農業が組織化されて営利的に営まれることを指す。最初から農業法人として企業的経営を志向する、既存企業が参入する、農地所有適格法人がより企業組織化される、農業協同組合が組合員を組織化する、小規模家族経営の農家を基盤に大規模化・組織化を志向する、など企業化のパターンはさまざまにあり得る。

　8世紀初頭に成立したとされる記紀において「豊葦原之千秋長五百秋之水穂国」(とよあしはらのちあきのながいほあきのみずほのくに)(古事記)、「豊葦原千五百秋瑞穂国」(とよあしはらのちいほあきのみずほのくに)(日本書紀)と美称されているように、わが国は、みずみずしい稲穂を意味する「瑞穂の国」と自己認識してきた伝統を持つ。日本列島は農業に適した国土であり、また農耕民族として歴史を重ねてきた日本人は本来的に農業抜きの世界は考え難い。

　日本国および日本人にとって、「豊かに自給する農業」が目指すべき姿である。農業の成長産業化、農産物の輸出拡大、農業金融の活性化と「豊かに自給する農業」とはお互いに響き合って実現するものである。「豊かに自給する農業」の大まかなイメージは第5章で描くが、「豊かに自給する農業」というキーワードを心の片隅にでも留めて、本書を読み進めて頂けると幸いである。

　本書の記述にあたって、事実に関する部分は正確性を期しているが、事実誤認などがあった場合は筆者自身の責任である。また、見解や意見

に関する部分は筆者自身のものであり、筆者の所属組織を代表するものではない。これらをお断りしつつ、わが国農業と農業金融の可能性について記した本書をお読みいただき、何かしら得るものを感じていただければ幸いである。

　本書の企画、執筆に関しては日刊工業新聞社の土坂裕子様にたいへんお世話になった。そもそも土坂様の提案なくしては、本書の執筆は思い立たなかった。この場を借りて厚く御礼申し上げる。

　また、日ごろの活動のご指導、ご支援をいただいている株式会社大和総研の皆様に心より御礼申し上げる。

　最後に、妻と子供達の笑い声にいつも助けられる。感謝したい。

2017年年末　大嘗祭に関する報道を耳にしつつ

中里　幸聖

目　次

はじめに　―日本農業の変化は不可避である―　i

第1章　動き出す、日本の農業

1.1 いまも続く"戦後の農業"　2
農地解放と小規模家族経営　2
小規模家族経営での生産性向上とその限界　3
戦後の農業政策の主なトピック　5
食料・農業・農村基本法に代わり「企業化する農業」へ　6
政府の管理下から自由にコメを流通・販売　7
コメの需給バランスの変化に伴う減反政策　9

1.2 食料自給率と就農人口の低下、そして高齢化の危機　12
日本の食料自給率はドイツの約半分　12
農業生産者の著しい高齢化と増加する耕作放棄地　15

1.3 農業参入を阻む、企業による農地取得の制限　20
農地耕作者主義の変化　20
新規参入の障壁となる農地法　20

1.4 "持続性のある農業"に生まれかわる　23
新規就農者の増加の鍵となる"企業化する農業"　23
　コラム　食料安全保障は自国で保つべき　25

第2章 農業に新しい風が吹く

2.1 攻めの「農業政策」 28
政府が本腰を入れた農業の成長産業化と企業化促進 28
「攻めの農林水産業」を掲げる政府の成長戦略 28
大きな政策転換の第一歩としての「減反見直し」 30
2015年法改正の主要項目を見る 31
農地集積バンクの創設と活用 32
農業委員会の見直し 34
農地を所有できる法人の見直し 37
農協の本来使命への重点化 38
農業生産者の所得向上に有利となる取り組みへ 40

2.2 政府が農業を後押しする理由「地域活性化」 45
国土利用における農業の存在感 45
地域基盤である農業 46

2.3 就農現場に訪れる変化の兆し 48
農業の企業化は若者の新規就農に道を開く 48
農業の企業化はさまざまな可能性を広げる 50
小規模家族経営から大規模化、組織化、企業化へ 52

2.4 "企業化する農業"の実現法 53
農業の大規模化への道筋 53
6次産業化に向けた農業と周辺産業の連携・融合 55
6次産業化の事例 56
コラム 農業と最先端技術、人間が求める五感の充実感 58

第 3 章　試される農業金融の変革

3.1　農業金融の変化　60
農業金融に関わる機関　60
JAとJAバンク　62

3.2　農業金融の主体であるJAバンクと日本公庫　67
近年の農業向け貸出金残高　67
競争力を強化する融資に努める農協と日本公庫　67
農業経営改善関係資金の都道府県別動向　72

3.3　A-FIVEの動き、民間金融機関のシェア拡大　76
官民連携ファンドの活用　76
民間金融機関への期待と現状　81
民間金融機関の当面の狙い目　83
農業金融の役割分担　85

3.4　変わりゆくJA　88
農協改革、集中推進期間　88
農協の信用事業に関する議論　88
　コラム　政府と農協の攻防　92

第 4 章　成功する"企業化する農業"を見極める

4.1　経営の近代化と金融の関係　96

4.2　農業と金融の相乗効果、望ましい生産戦略　99
農業の経済機能　99
金融の経済機能　100

「市場の失敗」と「政府の失敗」　101
経済機能の観点から望まれる、農業と金融の関係　103
経営の近代化と耕作の脱近代化・超近代化　105
地産地消とグローバル展開―販路拡大の工夫―　107
農業経営の全国化と地方化　108

4.3 "企業化する農業" の見極め方　成功と失敗の可能性　112
コラム　求められるのは、官民ファンドを見極める目　115

第5章 農業の "これから"

5.1 日本の農業の未来―産業としての農業と社会的役割―　118
"企業化する農業" は減反政策廃止を実のあるものとする　118
高齢化による引退、必要となる組織経営体への移行　120
高齢化が促す、農協の変革　122
"企業化する農業" への移行パターンの例　123
「豊かに自給する農業」の実現へ　124

5.2 広がる、農業金融の可能性　126
他産業での金融機関の経験が活かせる農業の企業化　126
農業の国際展開の可能性について　127
変わる！農業金融　128
コラム　リン不足は渡り鳥が解決する？　130

参考文献　132

索引　133

第1章

動き出す、日本の農業

第1章 動き出す、日本の農業

1.1 いまも続く"戦後の農業"

農地解放と小規模家族経営

　戦後のわが国の農業は、GHQ（連合国軍最高司令官総司令部）の指令により、1947年から実施された農地解放で幕を開けたと言える。大まかに言えば、戦前の農業は地主—小作関係の存在感があったが、戦後は自作農中心の農業に転換した。

　こうした転換は、農民の政治的な自立には貢献したと考えられる。一説には、当時世界を席巻していた共産化の波に対処することも農地解放の目的の一つであったとされる。第二次世界大戦後に吹き荒れた共産化の嵐は、持たざる層の支持を獲得できるかどうかが政権奪取の鍵となっていた。労働者と同様に小作人は共産勢力のターゲットであった。

　しかし、自作農となった元小作人は、土地の私有制を原則として否定する当時の共産主義にはくみしない誘因が働くこととなった。また、地主—小作関係を解消したことにより、自らの判断で自身の政治的な立場を決めやすくなったと考えられる。

　政治面では前記のような効用があったが、地主所有となっていた既存の小作地を分割して売り渡す形であったため、個々の田畑の規模が小さいという状況が生じた。農地解放は小作人の政治的な自立と経済的な自立を促した一方で、企業的経営による大規模化、機械化など産業としての効率性の向上という観点では課題を残すことになった。

　地主—小作関係そのものがマイナスイメージで捉えられたことも、その後の農業経営の大規模化、組織化、企業化に負の作用をもたらした可能性があると考えられる。戦前の地主—小作関係は、ムラ社会の中での上下関係として機能し、小作人が一段低い立場に置かれた側面もあった。

1925年に普通選挙法が成立し、満25歳以上の男子は有権者となってはいたが（わが国での女性参政権の実現は第二次世界大戦後）、選挙などにおいて地主の意向などもかなり作用していたと推測される。そうした戦前のムラ社会のイメージは、戦後や現代が舞台となっているものの、手塚治虫『W3（ワンダースリー）』ややまむらはじめ『神様ドォルズ』などのマンガが良く描けていると思うので、関心のある方はこうした作品などを読んでも良いと思う[1]。

　農地解放で従来の小作人が自作農となったことは、こうした上下関係の解消に貢献したと思われる。一方、地主―小作関係は、企業における経営者―雇用者関係とある意味パラレルな側面もあり、実際に経営感覚を持って農業を運営していた地主もいたとの話もある。

　いずれにしても、農地解放を契機に戦後のわが国の農業は小規模家族経営が中心となり、これが農業政策の前提となったと考えられる。

小規模家族経営での生産性向上とその限界

　いわゆる戦後復興期は食糧不足が深刻な問題であり、農業分野では食糧増産が最重要課題であった。肥料増産や新たな田畑の開墾などが進められた。

　経営という面では、小作人から自作農への転換は、基本的には個々の農業生産者の意欲向上につながることであり、プラス効果があったと推察される。家族一体となって小規模な田畑を一所懸命耕すことにより、個別の田畑の地勢に則したきめ細やかな対応が可能となり、また生産物である農作物を自身で差配できるようになったことは、一定の規模に達

---

[1] 『W3』は1965〜1966年に『週刊少年サンデー』（小学館）で連載。現在は、講談社の手塚治虫文庫全集や秋田書店のサンデーコミックスなどで入手可能である。『神様ドォルズ』は2007〜2013年まで『月刊サンデージェネックス』（小学館）で連載。単行本は小学館のサンデーGXコミックス。

第1章　動き出す、日本の農業

するまでは生産性向上などにも資したと推測される。ただ、ある程度の生産量を達成した後は、さらなる発展のためには規模拡大を伴う生産性向上が必要であったと考えられる。

しかし、小規模家族経営が中心である状況が続いたこと、また、コメ作を中心に据えた状態が長く続き、需要側のニーズの変化に柔軟に対応してこなかったことなどが、その後の農業低迷の要因の一つとなったと思われる。

カール・マルクスの共産主義に関する見通しは完全に破綻したと思われるが、ある時代の効率的な生産様式が次代には桎梏となるという分析は、あらゆる分野に当てはまると考えられる。桎梏という表現をもっと砕いて言えば、「時代遅れ」ということであろう。ある生産方法が時代遅れになる原因はさまざまであるが、需要のニーズの変化に供給がうまく対応していないケースが典型であろう。

図表1-1　各国の一経営体当たりの平均経営面積

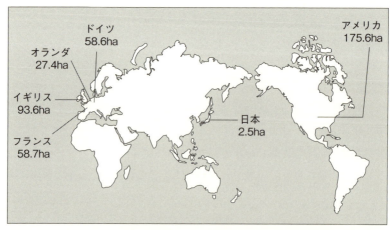

（注）　日本は2015年、米国は2012年、その他の国は2013年の統計値。
（出所）農林水産省『ポケット農林水産統計―平成28年版―2016』を基に大和総研作成

わが国の農業の低迷は、要は時代遅れとなった供給体制を変化させられなかったことにあると思われる。

なお、主要先進国と比較すると、日本の農業は狭い耕地面積で収量の最大化を図ろうとしているという特徴が浮かび上がる。**図表 1 - 1** に示すように、一経営体当たりの平均経営面積は、アメリカ 175.6 ha（2012 年）、ドイツ 58.6 ha（2013 年）、フランス 58.7 ha（2013 年）、イギリス 93.6 ha（2013 年）、オランダ 27.4 ha（2013 年）に対し、日本は 2.5 ha（2015 年）である（農林水産省『ポケット農林水産統計―平成 28 年版―2016』より）。日本の経営面積が相対的にかなり小さいことがわかる。

戦後の農業政策の主なトピック

戦後復興の食糧増産最優先の時期以降の農業施策としては、

1961年　農業基本法制定
1971年　本格的な減反政策の開始
1995年　主要食糧の需給及び価格の安定に関する法律（いわゆる食糧法）の施行（食糧管理法の廃止）
1999年　食料・農業・農村基本法制定（農業基本法は廃止）とコメ輸入の関税化
2009年　農地法改正

などが大きなトピックとして挙げられよう。さらに、2015 年の「農業協同組合法等の一部を改正する等の法律」成立も大きなトピックであり、こちらは第 2 章で詳述する。

本節のタイトルは「いまも続く"戦後の農業"」であり、2015 年の法改正などは、"戦後の農業"を大きく変えるための法的措置と言える。

ただ、需要の変化に応じ時代に適合した農業という方向への政策転換は、20 世紀から 21 世紀に入る前後には少しずつ動き出していたと言え

る。その象徴が、1999年の「食料・農業・農村基本法制定」とも言える。

食料・農業・農村基本法に代わり「企業化する農業」へ

　高度成長期の1961年に制定された「農業基本法」は、農業の生産性向上と農業従事者の所得増大を目的とした。同法に基づく各種の施策により、農業の機械化や農薬、化学肥料の投入などの近代化は相応に進んだと考えられる。

　ただし、機械化進展は農村の労働力の節約につながり、都市部への転出可能性を高め、後の農業の担い手不足、農家の後継者難の一因となったと考えることもできる。事実、高度成長期は工業やサービス業などが集まる都市部へ人口が流入したが、その供給源は農村であった。

　農業基本法は農業経営の近代化も規定しているが、経営の近代化はあまり進捗しなかった。つまり、同法に基づく各種施策の効果もあり、個々の農家の農産物生産の物理的な効率性は向上したものの、経営の近代化が不十分であったため、産業としての経済的な生産性向上は相対的に停滞した。

　戦後間もない頃は、就業者の半数近くが農業に従事していたが、戦後復興と高度成長の過程で、農業従事者の比率は大幅に減少した（詳細は1.2節）。また、都市への人口流入による日本全体での都市化の進展は、相対的に農村の比重低下をもたらしたと言えよう。食の西洋化はパンや肉類などの消費増加の一方で、コメや日本酒、その他伝統的な食材の消費の相対的な減少につながった。

　このような食料、農業、農村を取り巻く環境が大きく変化したことを踏まえ、農業基本法に代わる形で、食料・農業・農村基本法が1999年に制定された。同法は、食料の安定供給の確保のほか、国土の保全、水源の涵養、自然環境の保全、良好な景観の形成、文化の伝承などの農業生産活動に伴う多面的機能の発揮などを重視しており、農業基本法とは

趣旨が大きく異なっている。

　GDPや就業者数に占める農業の比重は大幅に低下しているものの、生命を支える食糧生産の基礎である農業の重要性や土地利用における農業の比重が大きいことを踏まえ、21世紀における農業の望ましい方向性を実現しようとするものと言えよう。

　農業基本法は産業としての農業の底上げを図ったもので、農業の機械化進展などで一定程度の効果はあったと考えられる。一方、食料・農業・農村基本法は農業を多面的に捉えて、田畑の維持などを図ろうとするものとも言える。

　一面からは、農業基本法が攻めの姿勢であるのに対し、食料・農業・農村基本法は守りの姿勢のようにも見える。しかし、農業基本法の段階では、小規模家族経営を主体とした戦後のわが国農業の状況を前提としていたのに対し、食料・農業・農村基本法ではもはや従来のやり方では田畑の維持も困難であるという認識に立っていると考えられる。

　逆説的であるが、そうした認識に立つことにより、企業的な組織経営体中心、すなわち"企業化する農業"に舵を切る道が開けてきたように思う。表面的にはわかり難いが、農林水産省の各種の施策は、2000年前後から農業経営の企業化とそれを通じた競争力の強化の方向に少しずつ変わってきている。

政府の管理下から自由にコメを流通・販売

　前記のような基本法は、農業や農村に対する政策の基本姿勢を示すものと言えるが、実際の生産や流通、経営などについては、「食糧管理制度」や「減反政策」、「農地法」などが大きな影響を及ぼしてきた。なお、農地法については1.3節で詳述する。

　食糧管理制度の原型は戦前にさかのぼるものであるが、いわゆる食糧

第1章 動き出す、日本の農業

法が1995年に施行されるまで法的根拠となっていた「食糧管理法」は第二次世界大戦中の1942年に制定されたものである。その趣旨は、コメを主体とした食糧の需給と価格の安定を図るため、政府が生産・流通・消費に介入して管理することにあった。

大まかに言えば、主食であるコメを政府が公定価格で買い上げ、政府の管理下で流通させるのが食糧管理制度である。当初は政府の管理下にないコメの流通は認められていなかったが、政府の管理とは別にコメの流通が認められるようになり、「自主流通米」という名称がつけられた。自主流通米に対して、政府の管理下で流通しているコメを「政府管理米」と呼んだ。

わが国では主食のコメの供給不足は社会問題化しやすかった。江戸時代にはコメの収穫不足に伴う百姓一揆や打ちこわしが多発している。

第8代将軍の徳川吉宗はコメの需給や米価対策に苦労し「米将軍」とあだ名された。明治維新以降でも1918年に米騒動が発生している。2・26事件を起こした青年将校たちの動機の一つが、東北での凶作に伴う農村の疲弊を目の当たりにしたこととも言われている。さらに終戦直後は、外地からの帰還者の都市流入や敗戦に伴う流通機構の混乱などにより、主食のコメの安定供給が重要な課題となっていた。終戦直後にコメが入手しにくいので、代わりにサツマイモが出ることが多かったという話を、終戦直後を経験した世代からよく聞いたものである。

しかし、戦後復興期が過ぎ、コメの生産増強も軌道に乗る一方で、食の多様化などによりコメの消費量が減少基調となってきた。コメは次第に余るようになり、米価下落要素が強まることとなる。

ついでながら、主食としてのコメのみならず、コメを原料とする日本酒の消費量もビールなど他のアルコール飲料に押される形で減少基調となっている。ただし、酒用の好適米には特有の品質が求められるので、食用米とは区別されている。そうした区別がいつ頃発生したかについて

は残念ながら筆者は知らないが、統計上は1951年から区別されている。一方、通常のコメからも日本酒は造られており、通常のコメであっても杜氏の腕により美味しい酒に仕上がっているものもある。

なお、日本酒全体の国内出荷量は減少傾向で推移しているが、特定名称酒（吟醸酒、純米酒など）の出荷量は堅調とのことである。少なくとも日本酒については、量よりも質を重視する消費者が増えていると推測される。こうした日本酒の生産や販売に関わる話としては、農業大学の発酵に関する研究室を主な舞台とするマンガである石川雅之『もやしもん[2]』などがいろいろと面白い。ビールやワインなど他のアルコール飲料や納豆、ヨーグルト、味噌などの発酵食品もテーマとして扱っている。

話を戻すと、コメの生産力増加、消費量減少などを背景に、食糧管理費が増加する一方で、政府管理米における流通の硬直化が顕著となった。また、コメ輸入の自由化の方向性も踏まえ、食糧管理法に代わって食糧法が制定されることとなった。食糧法では、農家が自由にコメなどを販売できることに、さらに2004年の改正により、農家に限らず自由にコメの流通・販売が行えることになった[3]。

コメの需給バランスの変化に伴う減反政策

減反政策は、基本的にはコメの生産を抑制するための政策であり、コメの作付面積の削減を求めるものである。食糧管理制度と密接に関連し、コメの供給過剰に伴う食糧管理費の増加への対応や、コメの価格維

---

2 もやしもんは『イブニング』（講談社）で2004〜2013年まで連載後、『月刊モーニングtwo』（講談社）に移籍し2014年まで連載。単行本は講談社のイブニングKCおよびモーニングKC。
3 米穀販売の一定規模以上の事業者は、改正前は登録制であったが、改正後は届出制となった。また、米穀の輸入については、一定額の納付金を政府に支払えば、自由に行うことができるようになった。

第1章　動き出す、日本の農業

持策として実施されてきた。

　1969年度に試験的に実施され、1970年度には緊急避難的措置がとられ、コメの生産過剰が構造的なものであるとの判断から1971年度から本格的に進められた。転作奨励金など時代に応じてさまざまな手法が用いられてきており、食糧管理法の廃止（1995年）以降も継続されている。しかしながら、さまざまな観点からの批判があり、今後のあり方が注目される。

　単純な疑問として、耕作放棄地の増加が問題になっているのに、減反政策を継続するというのは腑に落ちないであろう。もちろん、耕作放棄されている農地と、減反の対象となる現役の田んぼを単純比較するわけにはいかないことは理解できるが、部分最適化を図るあまり、合成の誤謬が起きているのではないだろうか。

　本書執筆時点で、2018年産米から政府によるコメの作付面積削減の割り当ては廃止されることとなっている。しかし、農林水産省が引き続き全国の需要見通しを示すことになっており、各都道府県にある「農業再生協議会」が目安を作ることとなっている。運用の仕方にもよるが、減反政策が形を変えて継続されることになる可能性も捨てきれない。

　ただし、企業的な組織経営体がわが国農業の中心となるであろう十数年後には、減反政策的なものは意味をなさなくなっているのではないだろうか。

　食糧管理制度が導入された当時は、主食のコメの安定供給を如何に図るかというのが主要課題であったと考えられる。しかし、戦後になってコメの生産力が増加する一方で食の多様化が進み、コメの安定供給よりもコメの需要喚起、あるいは過剰供給の防止に比重が移っていった。要はコメの需給バランスが供給不足から需要不足に移行したのである。

　主食の供給不足の懸念が薄れた以上、どこかの時点でコメ市場も完全自由化し、市場動向を踏まえた生産者の自主的な統合などによる供給調

整や創意工夫によるコメの需要増加策などを推進するべきであった。農業が十分に企業化されていれば、そうした動きにいち早く対応できたのではないだろうか。しかし、減反政策の導入など、既存の小規模家族経営の農家の収入安定を重視する方向に食糧管理制度運営の色彩が強まっていったと考えられる。

 前述したように食糧管理法は廃止され、食糧法によりコメの流通・販売は自由化された。一方、2018年には大幅な見直しとなるものの、少なくとも2017年時点では減反政策が継続されている。第3章で詳述する農業金融や農業協同組合も小規模家族経営を前提としていたと考えられるが、こうした減反政策も小規模家族経営を前提とし、その維持を図ろうとした政策と考えられるであろう。
 なお、コンビニエンスストアが中心となってきたおにぎりの販売などはコメの需要喚起策の一つと言えよう。また、コメそのものを食べてもらうだけでなく、例えばコメの麺などコメを素材とした食料品の開発なども考えられる（すでに実践例がある）。そうした創意工夫は、やはり企業的な組織経営体が向いているように思う（もちろん、個人経営でもそうしたアイデアを持つ人は少なくないであろう）。

1.2 食料自給率と就農人口の低下、そして高齢化の危機

日本の食料自給率はドイツの約半分

　戦後のわが国の経済成長は諸外国にも注目されたが、生命の基本を支える農業は産業としては他産業に比べて停滞していた。

　農林水産業および農業が名目GDPに占める比率は戦後ほぼ一貫して低下基調であり、2015年は農林水産業で1.1％、農業が0.9％である（図表1-2）。ただし、主要先進国の中では農業輸出国としてのイメージがあるアメリカ、カナダ、フランスでも農林水産業が名目GDPに占める比率は順に1.2％、1.6％、1.5％（2014年）であるので、GDPに占める

図表1-2　名目GDPに占める農林水産業の比率

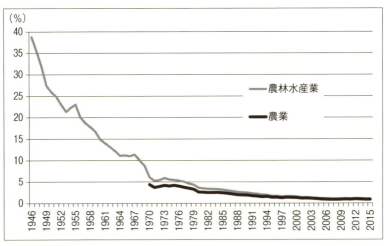

（注1）　1946～1951は年度、以降は暦年。
（注2）　1969年以前は旧SNA、1979年以前は68SNA、1993以前は93SNA、以降は08SNA。
（出所）　総務庁『日本長期統計総覧』（日本統計協会、1988年）、内閣府「国民経済計算」より大和総研作成

比率の低さをもって、農業が低迷しているというのは早計であろう。産業としての農業の停滞は、食料自給率の低下、就農人口の高齢化に象徴的に表れている。

わが国のカロリーベースで見た食料自給率は、低下基調で推移し、2015年度には39％となっている。イタリア、イギリス、ドイツの3カ国の食料自給率（いずれも2011年）は100％を下回っているが、それでもイタリアは60％強、イギリスは70％強、ドイツは90％強となっている（**図表1-3**）。

品目別の自給率（重量ベース）をみると、コメは1993年度を除き100％に近い水準を維持しているが、小麦は10％前後で推移している。また、醬油、味噌、豆腐、納豆など日本食に欠かせない食材の原料であ

図表1-3　主要先進国（G7）の食料自給率（カロリーベース）の推移

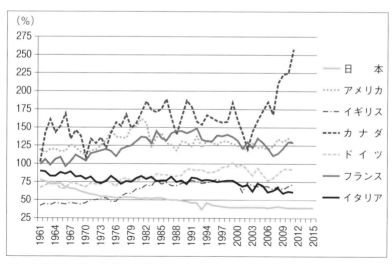

(注1) 日本は年度。それ以外は暦年。
(注2) 食料自給率（カロリーベース）は、総供給熱量に占める国産供給熱量の割合。畜産物については、輸入飼料を考慮。農林水産省による試算値。
(注3) ドイツについては、統合前の東西ドイツを合わせた形で遡及。
(出所) 農林水産省「食料需給表」より大和総研作成

る大豆は、1970年頃から一桁台前半の自給率で推移し、近年では若干上昇傾向にあるものの、2015年度においても7％の自給率である（**図表1-4**）。日本では菜種と大豆が原料として多い植物油脂に至っては、1980年代半ばには5％を割り、2015年度はわずか2％である。

かつて、大豆や菜種は日本中至る所で栽培されていたが、価格の安い輸入品に押されて、今日のような状況に至ってしまっている。日本の農業政策の問題点が端的に表れている部分のように思われる。

工業・都市と農業・農村の関係は、木に例えられる。目に見える部分、すなわち幹や枝や葉が工業・都市であり、目に見えない部分、すなわち根っこが農業・農村である。木は根がなければもたない（**図表1-5**）。

図表1-4　主な品目の自給率（重量ベース）の推移

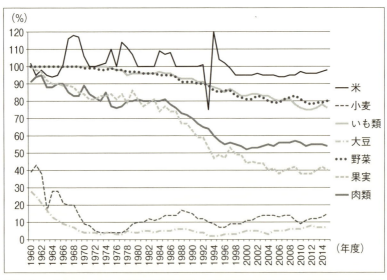

（注1）コメについては、1998年度以降は、国内生産量に国産米在庫取崩し量を加えた数量を用いて算出。また、図表中には掲載していないが、主食用のコメについては自給率100％を継続。
（注2）肉類は鯨肉を除く。飼料自給率を考慮しない値。
（出所）農林水産省「食料需給表」より大和総研作成

図表 1-5 工業・都市と農業・農村の関係

日本を除く先進国は農業を大事にしており、それが食料自給率にも表れている。

一方、わが国は食料自給率が低く、しかも後述するように高齢者がその生産のほとんどを支えている。こうした状況を、「根が無い国」「切り花国家日本」と表現して、警鐘を鳴らしている人たちもいる。

農業生産者の著しい高齢化と増加する耕作放棄地

産業としての農業の相対的な低迷あるいは課題は、就農人口の減少と高齢化の同時進行に表れていると言えよう。就農人口の減少は先進国共通の現象だが、日本は高齢化が著しく、若年層の新規参入が求められている。

かつて、「三ちゃん農業」という言葉があった。働き手の男性が出稼

第1章 動き出す、日本の農業

ぎに出たり、平日は農業以外の職業を主とするようになったりして、残された「じいちゃん、ばあちゃん、かあちゃん」の三つの「ちゃん」で農業を営んでいることを指し、流行語にもなったそうである。しかし、いまや「かあちゃん」も高齢化し、お年寄りばかりになってしまっている農家が大半となっている。

農業・林業の就業者数は、戦後間もない頃は就業者数の50%近くを占めていたが、その後の構成比は一貫して低下基調にある。農業を主業としている「基幹的農業従事者[4]」は、統計がある1960年には1,175万

図表1-6 基幹的農業従事者数と高齢化率

（注1）各年2月1日現在。2017年の全就業者数は2月平均による。
（注2）2011年の全就業者数は、岩手県、宮城県及び福島県を除く全国結果。
（注3）図表中、欠落している部分は、データが入手できなかったもの。
（出所）農林水産省「農林業センサス」、「農業構造動態調査」、総務省「労働力調査」より大和総研作成

1.2 食料自給率と就農人口の低下、そして高齢化の危機

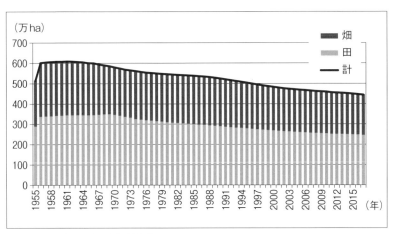

図表 1-7　耕地面積

(注1) 1973年以前は沖縄県を含まない。
(注2) 7月15日現在。2001年以前は8月1日現在。
(出所) 農林水産省「作物統計調査」より大和総研作成

人で就業者数に占める比率は26.5%であり、4人に一人が農業を主業としていたと考えられる。しかし、基幹的農業従事者は人数も比率も減少を続け、2017年には151万人、2.3%となっている。また、基幹的農業従事者の高齢化が進行し、1976年には12.3%（62万人）であった65歳以上比率は、2017年には66.4%（100万人）まで上昇している（**図表1-6**）。

　農業生産者の減少と高齢化の同時進行は、耕作放棄地の増加にもつながっている（**図表1-7、1-8**）。耕作放棄地の増加は、小規模家族経営を中心としてきた戦後農業体制にも原因が求められよう。

　自作農としての小規模家族経営を前提とした戦後の農業は、農地の取り扱いについて柔軟性を欠いた状況になっていたと言える。家族経営の

4　基幹的農業従事者とは、農業就業人口（自営農業に主として従事した世帯員）のうち、ふだん仕事として主に農業に従事している者。

第1章　動き出す、日本の農業

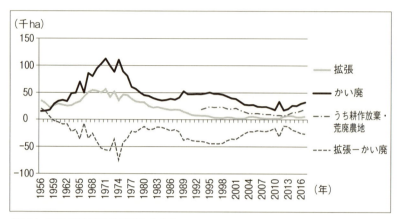

図表1-8　耕地の拡張、かい廃[5]、耕作放棄地の面積

（注1）1973年以前は沖縄県を含まない。
（注2）拡張・かい廃面積は、各年次とも、前年の調査日から当年の調査日の前日までの間に生じたもの。調査日は7月15日現在、2001年以前は8月1日現在。
（注3）田畑転換の数値は含まない。
（注4）かい廃面積のうち耕作放棄・荒廃農地については、1993年から調査を行っている。
（出所）農林水産省「作物統計調査」より大和総研作成

　農家の次世代がそのまま就農すれば耕作放棄地が生じるということはないであろうが、職業選択の自由が当然である世の中で、次世代が農業を継ぐとは限らない。

　後述するように、農業が他の職業に比べてあまり実入りがない状況では、他の職業へ就職する誘因が高くなる。実際、戦後の家族経営の農家では、家計収入のメインは他産業からの収入という兼業農家が大半となった。兼業農家の子供世代はさらに農業から遠ざかって別の職業に就職、さらには農村から都市へ転出した子供世代も多いであろう。高度成長期の都市への人口流入の供給源は農村である。

　もちろん、農家の子供世代が継ぐ必然性はなく、その農家とはまった

5　かい廃とは、農地が作物の栽培が困難となった土地のこと。自然災害のほか、工場用地や道路、宅地などへの転用、耕作放棄などによって発生する。

く関係ない人物が農地を購入して農業生産を実施することは理屈としては可能である。しかし、次節で述べる「農地耕作者主義」などの原則も含め、現実には第三者が農地を引き継ぐ事例は大勢とはならなかった。

　家族経営から組織的な経営、農業の企業化が進展していれば、農地の集約や大規模化などに向けた取引がもっと早くに行われていたのではないだろうか。その際、農地の農業以外の用途への転用を防止することは重要であろうが、農地が自由に取引されにくい状況が続いていたことが、現状の耕作放棄地増加にもつながっている。

1.3 農業参入を阻む、企業による農地取得の制限

農地耕作者主義の変化

　農地法は、「国内の農業生産の基盤である農地が現在及び将来における国民のための限られた資源であり、かつ、地域における貴重な資源であることにかんがみ」「農地を農地以外のものにすることを規制」する法律である（現行の農地法第一条より）。

　1952年制定の当初の農地法では、「農地はその耕作者みずからが所有することを最も適当であると認めて、耕作者の農地の取得を促進し」と第一条の目的で定めており、いわゆる「農地耕作者主義」が基本となっていた。その後の数度の農地法の改正においても農地耕作者主義には変更はなかった。しかし、2009年の改正により農地耕作者主義の原則が外され、条件は付されているが、農地の利用権（賃借権）の付与が原則自由となった。

新規参入の障壁となる農地法

　農地法制定当初は、地主制の復活防止や所有権や耕作権のさらなる細分化による経営の零細化などの防止が目的であったため、農地の取引そのものを抑制する傾向が強かった。しかし、高度経済成長などによる日本社会の変化に伴い地主制復活の懸念は薄れたが、農地を工業用や商業用、宅地などの耕作目的以外で取得する誘因が高まることとなった。転用が許可された農地は、簿価に比して高く売れるため、将来の土地売却益を目的とした資産保有動機が農家に生じやすくなった。

　一方、農業政策の観点からは、特に優良農地の確保が重要であり、耕作目的以外での農地取得を規制することが農地法の主な目的となり、農

1.3 農業参入を阻む、企業による農地取得の制限

地の取引はある程度認めるものの、引き続き抑制的となった。

こうした、農地耕作者主義の継続と農地取引を抑制的にする規制は、結果として、農家とはまったく無縁の家に生まれた人が農業に参入する際の障壁の役割を果たしたと思われる。

農家出身でない人が農業に従事しようとする場合、農地の確保に加えて、機械・施設の取得などの初期投資が負担となる。また、そもそも農業を身近に見てきたわけではないので、農業のリズムや農作物に関する理解を深めることから始めなければならない。さらに、独立自営で農業を始めようとする場合、農業を営む予定の農村との関係を良くしていくことも重要であろう。それらを踏まえた上で、少なくとも自分の身を成り立たせられる程度には収入を上げなければならないと考えると、農家出身でない人が新規就農することは非常にハードルが高いことと言える。

農地耕作者主義と農地取引規制により、農家出身でない人は農地の確保の時点で苦労することは明らかであり、よほどの情熱がないと門外漢から自作農としての新規参入を目指そうという気は起こらないのではないだろうか。

また、農産物の差別化にはある程度の経験と技能が必要と思われるが、新規就農者は当然ながらそうした経験や技能はない。差別化が無理であれば、大量生産して量で勝負という手もあるが、これもやはり新規就農者にいきなり求めるのは酷であろう。

つまり、農業からの収益を安定的に上げられるようになるには、それなりの時間が必要となる。他の産業と比べて、農産物で大儲けというのはなかなか困難であろう。

農業への新規就農者を増加させるためには、農地確保のハードルを下げることが重要である。また、農業に無縁であった人を立派な農業従事

者に育てるシステムが必要である。そのために、農業に参入しようとする企業に農地取得を認めるのも一つの方策である。企業が農地確保を組織として実施し、そうして確保した農地で当該企業の社員が農業生産を行うという形である。当該企業の社員は、既存農家などと協力して構築した農業従事者を育成するシステムにより、農業生産の訓練を積むようにする（2.3 節や 4.3 節で改めて述べる）。

　2009 年の農地法の改正により、賃借による一般企業の農地利用が全国的に可能となり、改正前よりは企業が農業に参入することが容易になった（詳細は第 2 章）。しかし、農業生産法人（2015 年の法改正により「農地所有適格法人」に改称）以外の企業が賃借する場合の条件などが定められている。一般企業の農業参入をさらに促進するには、農地の賃借のみならず取得も可能にするなどの緩和が必要である。ただし、その際は農地転用の問題などを解決する必要があろう。

1.4 "持続性のある農業"に生まれかわる

新規就農者の増加の鍵となる"企業化する農業"

わが国の農業が持続性のあるものとなるためには、さまざまな課題がある。生産性向上は喫緊の課題であり、環境問題なども継続して取り組むべきものである。

しかし、最も肝心なのは、農業で働く人の確保であろう。農地法が改正されて、従来に比べれば農家出身でない人にも農業に参入する余地は広がったものの、まだまだ不十分である。

ある程度安定的な収益を上げられるような産業構造に農業を変えていかなければ、若い世代の新規就農者が継続的に流入するような状況は望み難い。農業が十分な収益を上げるような産業となれば、新規就農者の増加が期待できるし、新たな実物投資とそのための資金融通も活発化するであろう。

そのための鍵は、本書のテーマでもある"企業化する農業"、すなわち企業的な組織経営体が農業の中心となっていくことと考える。

本章では、戦後の農業を概観し、産業としての農業が停滞している現状と課題について記述した。第2章では、そうした停滞している農業を成長産業化するための農業政策転換や、それに呼応する動きを追う。その際のキーワードが"企業化する農業"であり、"企業化する農業"による就農現場の変化なども描写する。

第3章では、農業に関わる金融について、農協、日本政策金融公庫、民間金融機関などのこれまでの状況と起こりつつある変化を記述する。第4章では、前章までを踏まえて、"企業化する農業"の実現を後押しする農業金融、"企業化する農業"の実現が農業金融のビジネスチャン

ス拡大にも結び付くことを述べる。

　最後の第5章では、いま進んでいる農業政策や農協の改革の動きと日本農業の未来の展望、農業金融の可能性について描写し、本書のまとめとする。

コラム 食料安全保障は自国で保つべき

　本文ではカロリーベースでの自給率、重量ベースでの自給率について述べたが、金額ベースでの自給率という概念もある。

　カロリーベース、重量ベースでの自給率は低いが、金額ベースでの自給率は7割程度で、それほど心配ないという議論もある。それとは別に、カロリーベースでの自給率は、一定の前提の下に試算されたものであり、前提を変えれば数値も大きく変わるとの見解もある。実際、カロリーベースでの自給率の計算では、飼料も含まれているため、人間が食べるという意味ではそれほど敏感にならなくて良いのかもしれない。

　いずれにしても、自給率と一言で言うが、いろいろと変わり得る数値なのである。

　ただ、わが国が農産物輸入大国であることは変わりがない。自由貿易が維持されている分にはそれほど心配ないのかもしれないが、自由貿易が絶対的な前提条件ではないことは歴史を振り返れば多くの事例に突き当たる。自由貿易が維持されていても、何かしらの要因でシーレーン（海上交通路）が十分に機能しないこともあるかもしれない。また、世界同時的に農産物不作が発生すれば、高い金額を出しても十分な農産物を確保できない可能性も考えられる。

　ローマ帝国の滅亡も、中国のたびたびの王朝交代も、飢饉に伴う民族間や臣民間の軋轢が背景にある。情報が行き渡り、高度な流通の仕組みが存在し、理性を重視する近代にあって、古代や中世のようなことは起きないという見方もあろう。しかし、人間の行動はそんなに進歩したのだろうか。

　いずれにしても、100％とまではいかなくても、ある程度自給率を高めておくことに越したことはない。いわゆる食料安全保障の確保は、国民全体で考えるべき課題である。

　もともと農業に向かない国土の場合は仕方ないが（現実にそういう国家も多数ある）、わが国は先祖自らが「瑞穂の国」と美称した国柄であり、農業適国である。ぜひとも自給率の向上に力を注いでいきたいものである。

第 2 章

農業に
新しい風が吹く

2.1 攻めの「農業政策」

政府が本腰を入れた農業の成長産業化と企業化促進

　政府の農業政策は2000年前後から徐々に競争力強化の方向に舵を切りだしていたが、2012年末の第二次安倍政権発足以降、明確に農業の成長産業化を打ち出している。近年の政府・与党の農業に関連する議論のトーンは、農業の成長産業化を図るために農業の企業化を促進しようというものである。

　2015年の「農業協同組合法等の一部を改正する等の法律」は、農業協同組合法（JA法）の改正、農業委員会などに関する法律の改正、農地法の改正を一括したものである。JA法改正と2017年の「農業競争力強化支援法」は、農業者の所得向上を実現するための施策などが定められたものである。

　一方、農業委員会などに関する法律の改正、農地法の改正などは、農地の大規模化や企業の農業参入の促進を狙っている。

　なお、本書では農業協同組合について、「農協」、「JA」の両方の略称を用いているが、前後の語感で使い分けており、同じ意味で用いている。

「攻めの農林水産業」を掲げる政府の成長戦略

　第二次安倍政権は発足初期に三本の矢として、①大胆な金融政策、②機動的な財政政策、③民間投資を喚起する成長戦略、を掲げた。そのうち成長戦略をまとめたものが「日本再興戦略―JAPAN is BACK―」（平成25年6月14日）である。

　この中で農業については、「農林水産業を成長産業にする」として、「今後10年間で、全農地面積の8割が『担い手』によって利用され、産

業界の努力も反映して担い手のコメの生産コストを現状全国平均比4割削減し、法人経営体数を5万法人とする」という成果目標を掲げている。「法人経営体数を5万法人とする」とあるように、企業的な組織経営体を増やす姿勢が明らかになっている。

なお、ここで言う農業の「担い手」とは、地域関係者により決められた地域の中心となる経営体を指し、法人経営、大規模家族経営、集落営農、企業などが当面の担い手の主力となると想定されている。戦後農業の中心となっていた小規模家族経営は、今後の担い手の主力とは看做(みな)されてはいないであろう（例外はあると思う）。また、成長戦略[6]（「日本再興戦略」、「未来投資戦略」）によると、農業の法人経営体数は2010年時に1万2,511法人、2016年時に2万8,000法人とのことである。

2014年の「『日本再興戦略』改訂2014―未来への挑戦」（平成26年6月24日）では「攻めの農林水産業の展開」という表現で、「意欲と経営マインドを持った農業の担い手が企業の知見も活用して活躍できる環境を整備することが重要」として、やはり農業の企業化の方向を打ち出している。さらに、「規制改革実施計画」（平成26年6月24日）で農業を成長産業とするために農業政策を変革していく動きを具体的な規制改革項目として列挙している。

---

[6] 第二次安倍政権の成長戦略は、最初の2013年に「日本再興戦略―JAPAN is BACK―」（平成25年6月14日）を出して以降、毎年6月頃に更新されている。そのタイトルおよび日付は以下の通り。「『日本再興戦略』改訂2014―未来への挑戦―」（平成26年6月24日）、「『日本再興戦略』改訂2015―未来への投資・生産性革命―」（平成27年6月30日）、「日本再興戦略2016―第4次産業革命に向けて―」（平成28年6月2日）、「未来投資戦略2017―Society 5.0の実現に向けた改革―」（平成29年6月9日）。総理大臣を本部長とする日本経済再生本部の下にあった「産業競争力会議」と「未来投資に向けた官民対話」を発展的に統合して「未来投資会議」（議長は総理大臣）が2016年9月に設置された。そのため、成長戦略のタイトルも2017年に「日本再興戦略」から「未来投資戦略」に変更された。本書では必要に応じて各年版のタイトルを掲示するが、「日本再興戦略」、「未来投資戦略」、「成長戦略」などの言葉は一体のものとして取り扱っている。

大きな政策転換の第一歩としての「減反見直し」

「『日本再興戦略』改訂2014」では、「昨年11月に米の生産調整の見直しを含む農政改革の方向を決定したところであるが、これを農業の担い手が将来への希望と安心感を持てる農政への大きな政策転換の第一歩として、攻めの農林水産業の展開に向けた構造改革を多面的に実行する」としている。「米の生産調整」は、いわゆる減反政策を指し、1970年代から40年以上続いている。「米の生産調整の見直し」が本格的に実施されれば、農業政策改革の象徴的な意味を持つこととなろう。ただし、1.1節で触れたように、一筋縄ではいかない問題であり、真の意味での減反政策廃止となるかは引き続き要注目である。

成長戦略の最新版である「未来投資戦略2017—Society 5.0の実現に向けた改革—」(平成29年6月9日)では、「攻めの農林水産業の展開」の「新たに講ずべき具体的施策」の「生産現場の強化」の一項目として、改めて「米政策改革」を取り上げている。具体的には、

- 米政策の改革を着実に進めることにより、農業経営体が自らの経営判断に基づき作物を選択できる環境を整備する。
- 米の直接支払交付金及び行政による生産数量目標の配分は、2018年産から廃止する。
- ノングルテンの米粉も含め米の新たな需要開拓の取組を国内外で推進する。
- これらの改革を進める中で、これまでの政策を検証しつつ、更なる取組や自立的な経営判断を促すような政策について検討する。
- 主食用米及び飼料用米の生産性向上については、担い手への農地集積・集約化、生産資材価格の引下げ、省力栽培技術の導入

等の取組を効果的に進めるとともに、コスト削減・単収向上の状況を検証し、PDCA サイクルを通じ KPI を確実に達成する。

と列挙している。

基本的には「『日本再興戦略』改訂 2014」の随所に書かれていたことをまとめた形となっている。なお、KPI は Key Performance Indicators の頭文字で、鍵となる業績評価指標のことである。例えば、前述した「今後 10 年間で、全農地面積の 8 割が『担い手』によって利用」などが該当する。

ここで改めて項目を立てて明記しているということは、コメの生産調整の見直しを「大きな政策転換の第一歩」とすることを、2018 年の実施年を前に改革推進派が改めて宣言したということである。

しかし、「減反政策廃止」とは書かれていない。まだまだ関係者の攻防が予想されるが、第 5 章でも述べるように、農業生産が大規模化、組織化、企業化していく中で、減反政策の実質的な意味合いは変わらざるを得なくなるであろう。

2015年法改正の主要項目を見る

減反政策見直しから話を戻すと、2014 年版の「規制改革実施計画」では、農業分野の個別措置事項として、

①農地中間管理機構の創設
②農業委員会等の見直し
③農地を所有できる法人（農業生産法人）の見直し
④農業協同組合の見直し

の 4 点が挙げられている（いずれも「『日本再興戦略』改訂 2014」でも明記されている）。

このうち①〜③は、企業的な組織経営体が活動しやすいような農地の大規模化の実現に関わるものである。④は、既存の農業者の所得向上などに関わるものであるが、そのための農協改革を通じて、農業の岩盤規制と見られる諸慣習を変えていこうとする意図があると考えられる。いずれも2015年の法改正（「農業協同組合法等の一部を改正する等の法律」）に反映された。

以下では、その具体的な中身を見ていく。

農地集積バンクの創設と活用

農地中間管理機構（農地集積バンク）は、農地を集積・集約して、農業の大規模化を図るためのものである。2014年版の「規制改革実施計画」で「創設」という表現を使っていたものの、2013年12月に「農地中間管理事業の推進に関する法律」は既に成立しており、現時点では全都道府県で第三セクターとしての農地集積バンクが指定されている。

また、同じ時期に「農業の構造改革を推進するための農業経営基盤強化促進法等の一部を改正する等の法律」が成立し、同法律に含まれる農地法の一部改正では、遊休農地対策の強化が規定され、農地集積バンクを活用しての農地利用の活性化が図られている。

農地集積バンクは、地域内に分散した農地を集約し、まとまりのある形とした上で、地域の中心となる経営体に転貸している。農地解放以前からのさまざまな歴史的経緯により、ある農家が持つ農地が1か所にまとまっているとは限らず、村落のあちらこちらに、場合によっては隣村やもっと遠くの地域に分散しているという状況が少なくない。

また、ある集落に農地を貸したい農家が複数あるが、それらの農地が隣接していないケースもあるだろう。こうしたバラバラになっている農地を集約し使いやすくして貸し出すのが、農地集積バンクの役割であ

る。また転貸対象の「地域の中心となる経営体」は、集落・地域の関係者が徹底的な話し合いを行った上で決めることとなっている。法人経営、大規模家族経営、集落営農、企業などが想定されている。

農地集積バンクは都道府県を区域として指定されるが、業務の一部を市町村などに委託することができる。必要な場合には、農地集積バンクが基盤整備などの条件整備を行い、まとまりのある形で農地を利用できるよう配慮して、貸付けることとなる。

従来は農地保有合理化法人が農地の集積・集約事業を担っていたが、①売買中心、②個々の相対協議を前提、③財政支援が不十分、などの要因により実績は低調であった。農地集積バンクは、①リース方式中心、②地域関係者の話し合いによる「人・農地プラン」の作成・見直しとセット、③財政支援を充実、などにより、従来の農地保有合理化法人よりも農地集約などの実効性をあげることが期待されている(**図表2-1**)。

「日本再興戦略」、「未来投資戦略」などでは、2023年に農業の担い手(＝地域の中心となる経営体)のシェアを全農地面積の8割とするという政策目標が掲げられている(2013年度末：48.7％)。

農地集積バンクが創設されて以降、担い手の利用面積のシェアは拡大し、農地集積バンクによる集積以外のものも含め、担い手の農地の利用面積は2016年度末で約241万ha(前年度末比＋約6万ha)となって

図表2-1　農地集積バンクの活用利点

農地保有合理化法人	農地集積バンク
①売買中心	①リース方式中心
②個々の相対協議を前提	②地域関係者の話し合いによる「人・農地プラン」の作成・見直しとセット
③財政支援が不十分	③財政支援を充実

(出所) 農林水産省「農地中間管理機構に関するQ&A」(平成25年12月12日) より大和総研作成

図表2-2 担い手（＝地域の中心となる経営体）の利用面積と全農地に占めるシェア

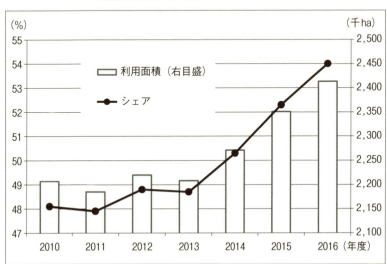

(注) 農地中間管理機構以外によるものを含む。年度末現在。
(出所) 農林水産省「農地中間管理機構の初年度の実績等について」、「農地中間管理機構の実績等に関する資料（平成27年度版）」（平成28年5月）、「農地中間管理機構の実績等に関する資料（平成28年度版）」（平成29年5月）より大和総研作成

おり、全農地面積の54％を占めている（**図表2-2**）。ただし、目標達成（2023年までにシェア8割）には農地集約などのさらなる加速化が必要とされている。

農業委員会の見直し

　農業委員会は、農業生産力の向上および農業経営の合理化を図るために市町村に設置される組織である（区域内に農地のない市町村には、農業委員会は設置されない）。「農業委員会等に関する法律」に基づく行政委員会であり、農地法に基づく農地の売買・貸借の許可、農地転用案件

への意見具申、遊休農地の調査・指導など農地に関する事務を行っている。要は農地の取引には、農業委員会が関わることになる。2015年の法改正により、農地などの利用の最適化の推進が最も重要な事務であると明確化された。

2015年の法改正前は、農業委員会は選挙委員と選任委員で構成されていた。選挙委員は当該市町村に住む農業者の中から公職選挙法に準じた選挙で選ばれた。選任委員は、農業団体（農協、農業共済組合、土地改良区）が推薦した者と、市町村議会が推薦した者を市町村長が選任した者である。これらの農業委員からなる総会などで意思決定を実施し、実際の事務作業は一般職の地方公務員からなる事務局が担当する。

農業委員会は、

①農地制度に関する業務執行の全国的な統一性、客観性の確保
②市町村長から独立した行政委員会として、公平、中立に事務を実施
③農業者の自主的な組織として、地域の農地の利用調整に積極的に取り組む

ことを目的として設置されている。

しかし、農家の減少に伴い農業団体と関係の深い農家が当選する事例が多くなっている、審議が形骸化している、外部からの新規参入の障壁となっているのではないか、などの指摘がなされていた。また、事務処理の迅速化、判断の透明性・公平性の確保などが求められていた。

それらを踏まえて「規制改革実施計画」では、農業委員会は農地利用の最適化（担い手への集積・集約化、耕作放棄地の発生防止・解消、新規参入の促進）に重点を置くこととし、

> ①農業委員会の選挙・選任方法の見直し
> ②農業委員会の事務局の強化
> ③農地利用最適化推進委員（仮称）の新設

などの規制改革を実施するとし、2015年の法改正に反映されている。

　2015年の法改正では、前述したように農地などの利用の最適化の推進が農業委員会の最も重要な事務であることが明確化された。また、農業委員の公選制と議会推薦・農業団体推薦による選任制度を共に廃止し、市町村長が市町村議会の同意を得て任命する方法に改め、原則として農業委員の過半数は認定農業者でなければならないこととなった。
　なお、認定農業者は、農業経営基盤強化促進法に基づき、自らの創意工夫で経営改善を進めようとする計画を市町村に認定された農業者である。要は、やる気満々として行政からお墨付きをもらった農業生産者、と言えよう。
　さらに、合議体としての意思決定を行う農業委員とは別に、農地利用最適化推進委員が新設されることとなった。農業委員会は、農地などの利用の最適化の推進に熱意と識見を有する者のうちから、農地利用最適化推進委員を委嘱しなければならないとされている（農地などの利用の効率化および高度化が相当程度図られている地域などは委嘱しないことができる）。また、農業委員会、農地利用最適化推進委員は農地集積バンクと連携に努めることが規定されている。

　農業委員会の見直しについてまとめると、

- 農地などの利用の最適化の推進が最も重要な事務であることを明確化
- 農業委員を市町村長による任命制（議会の同意を得る）
- 農業委員の過半数は認定農業者
- 農業委員とは別に農地利用最適化推進委員を委嘱

といった法改正が行われたことになる。

農地を所有できる法人の見直し

2015年の法改正により、農地を所有できる要件を満たす法人の農地法上の呼称を「農業生産法人」から「農地所有適格法人」に変更することになった。また、2014年版の「規制改革実施計画」の個別措置事項として挙げられていた緩和要件は、すべて農地法の改正に反映されている。

すなわち、農業関係者以外の構成員について、議決権は1/4以下から1/2未満に引き上げられ、「法人と継続的取引関係を有する関連事業者等」という限定が撤廃された。役員要件についても、「常時従業者である役員の過半が農作業に従事」という部分が、「役員又は重要な使用人（農場長等）のうち、1人以上が農作業に従事」と緩和されている。

一般法人については、賃借であれば、全国どこでも農業に参入が可能となっている（2009年の農地法改正による）。ただし、

① 農地のすべてを効率的に利用
② 一定の面積を経営（原則（都府県50a、北海道は2ha以上）にかかわらず、地域の実情に応じ、自由に設定可能）
③ 周辺の農地利用に支障がない

ことが基本的な要件（個人と共通）であり、さらに、

> ④賃借契約に解除条件が付されていること
> ⑤地域における適切な役割分担のもとに農業を行うこと
> ⑥業務執行役員または重要な使用人が1人以上農業に常時従事すること

が要件とされている（農林水産省「法人が農業に参入する場合の要件」より）。

なお、ここで言う「農業に常時従事」とは、農作業に限られず、マーケティングなど経営や企画に関するものでも可となっている。

2015年の農地法改正は、法人が6次産業化などを図り経営を発展させやすくする観点が重視されているが、さらに本格的な農業の企業化推進のためには、一般法人の農地所有にも道を開くことが期待される。

とりあえず、さらなる「農地所有適格法人」の要件緩和や農地制度の見直しについては、「農地中間管理事業の推進に関する法律」の施行（2014年）後5年を目途とした見直しを待つこととなっているが、これまでよりは企業が農業に参入しやすくなったと評価できよう。

農協の本来使命への重点化

2015年のJA法改正は、「地域農協が、自由な経済活動を行い、農業所得の向上に全力投球できるようにする」、「連合会・中央会が、地域農協の自由な経済活動を適切にサポートする」ことが主要な目的となっている（農林水産省「農業協同組合法等の一部を改正する等の法律案の概要」より）。

このJA法改正では、地域農協（**図表2-3**）については、

①責任ある経営体制(理事の過半数を認定農業者や農産物販売等のプロとする規定)
②経営目的の明確化(農業者の所得の増大を目的とするなどの規定)
③農業者に選ばれる農協(農業者に事業利用を強制してはならないことを規定)

というように、農業者のための農協という本来使命の再強化といった側面が強い。地域農協の組織の一部を、株式会社や生活協同組合などに組織変更できる規定も定めている。

「代表・調整・指導事業」を受け持つ全国農業協同組合中央会(JA全中)については、「特別認可法人」から「一般社団法人」に移行し、組合の意見の代表、総合調整などを行う組織とすることとなった。また、農協に対するJA全中による監査の義務付けは廃止し、公認会計士による監査を義務付けることとなっている(業務監査は任意)。都道府県段階の農業協同組合中央会(JA中央会)については、「特別認可法人」か

図表2-3 JAグループの組織図(主なもの)

	経済事業	信用事業	共済事業	代表・調整・指導事業
市町村段階	農業協同組合 (JA、単協、地域農協)			
都道府県段階	経済農業協同組合連合会 (JA経済連)	信用農業協同組合連合会 (JA信連、信農連)	全国共済 農業協同組合連合会 (JA共済連、全共連)	農業協同組合中央会 (JA中央会)
全国段階	全国農業協同組合連合会 (JA全農)	農林中央金庫 (農林中金)		全国農業協同組合中央会 (JA全中)
事業内容	農畜産物の販売、生産資材の購買・供給など	各種金融サービス	生命共済、損害共済、年金共済など	JAの指導や監査、教育、農政活動、広報活動など

(注) ( )内は愛称・通称・略称。厚生事業などは省略。
(出所) 全国農業協同組合連合会ウェブサイト、全国農業協同組合中央会ウェブサイト、JAバンクウェブサイトなどを基に大和総研作成

ら「農協連合会」（自律的な組織）に移行し、経営相談・監査、意見の代表、総合調整などを行うこととなった。これらはいずれも、2019年9月末までの移行期間が設けられている。

　JA全中の改革は、JA全中が指導と監査を一体的に行い、地域農協に強大な権限を行使しているとの疑念が背景の一つにある。一方、政府の農業政策に不満がある際など、JA全中は地域農協から突き上げられる存在であり、JA全中は強大どころか地域農協のさまざまな要望に応えるのに大変であるとの見方もある。

　いずれが真実であるか、共に一側面であるのか、あるいはもっと別の見方をすべきなのかは不明だが、1950年度末に1万3,300法人あった地域農協の組合数は2016年度末で679法人であり、各段階の組織の位置付けは、当時といまではおのずから異なることとなろう。また、第3章などでも述べるように、地域農協における信用事業の比重が大きくなっている現在、監査のあり方にも見直しが求められるのはおかしくはない。

農業生産者の所得向上に有利となる取り組みへ

　JA法改正では、経済事業を実施している全国農業協同組合連合会（JA全農）については、株式会社に組織変更できる規定を置いている。

　また、JA法とは別に、政府の農林水産業・地域の活力創造本部は「農林水産業・地域の活力創造プラン」の改訂を2016年11月に本部決定し、農産物販売について生産者が有利になることや生産資材価格の引き下げなどについて、JA全農や地域農協の自主的な取り組みを求めている（自由民主党の農林部会でも同様の議論が行われていた）。

　これらを反映して「良質かつ低廉な農業資材の供給」、「農産物流通等の合理化」に関して国が講ずべき施策などを規定した「農業競争力強化支援法」が、2017年の通常国会で成立している。政府の成長戦略の最

新版である「未来投資戦略2017—Society 5.0の実現に向けた改革—」（平成29年6月9日）では、

> 今後10年間（2023年まで）で資材・流通面等での産業界の努力も反映して担い手のコメの生産コストを2011年全国平均比4割削減する（2011年産：16,001円／60kg）

というKPIが設定されている。

　JAの農産物販売事業では、大枠として「買取販売」と「委託販売」がある。

　買取販売は、JAが生産者から農産物を買取で仕入れる方法で、農産物引き渡し時点で所有権はJA側に移転し、在庫リスクはJAが負う方式である。また、JAから生産者への代金引き渡しは農産物引き渡し時点が基本となるが、農協の倉庫から農産物を出荷するたびに代金を払う「分割決済」などの手法も取り得る。

　一方、委託販売はJAが生産者から委託された農産物を販売する方式で、販売されるまでの農産物の所有権は生産者側にあり、在庫リスクも生産者が負うものである。買取販売に比べて、売上金額の確定と生産者への代金引き渡しが遅くなる可能性があるが、多くのJAでは生産者への前渡し金支払いなどで対応している。ただし、前渡し金は概算値であり、在庫品の値下がりや不良在庫の増加などのリスクは生産者側が負うとされる。

　JAの農産物販売事業では、「直近の2013年度の販売・取扱高でも、委託販売が96.3％と大宗を占め、買取仕入による販売（買取販売）は3.7％」と委託販売が原則とされてきたとのことである（尾高恵美「JAによる農産物買取販売の課題」農林中金総合研究所『農中総研　調査と情報』2015年7月号より）。

　委託販売中心となっている状況に対し、農協はリスクを負わずに手数

料を稼いでいるとして、農業者のための農協ではなくなっているのではないかとの疑念が持たれている。そこで、農協改革派を中心に、委託販売ではなく買取販売を中心にして「農業者のための農協」という本来使命を再強化するべきとの意見が出ている。

委託販売は、「『出来たものを売る』のではなく『売れるものを作る』ための情報を農家と共有するため」といった反論もある（原田康「【コラム・目明き千人】委託販売こそが農家にメリット」農業協同組合新聞、2016年10月21日より）。しかし、農協改革派の批判を覆す状況にはなっていないようである。

こうした販売方式に対する批判に対してJA全中では、「中食・外食・小売等の実需者ニーズに応じた生産と買取販売や事前契約等の多様な契約方式による販売の拡大、販路別の生産部会の再編・強化等により、担い手の手取りアップを実現」するとしている（JA全中「第27回JA全国大会　組合員説明資料（PR版）　創造的自己改革への挑戦」（平成27年10月）より）。

さらに、JA全農は政府の「農林水産業・地域の活力創造プラン」への対応として、買取販売の拡大を明記し、販売事業、生産資材事業について具体的な数値目標を掲げている（**図表2－4**）。「これまでの誰かに『売ってもらう』から『自ら売る』に転換する」として、卸売業者や卸売市場に出荷して終わりということではなく、「量販店や加工業者など実需者への直接販売を主体とした事業へ転換する」としている。また、生産資材事業については、「あらためて共同購入の実を上げるようなシンプルな調達・供給ができる競争入札等を中心とする購買方式に抜本的に転換する」としている（JA全農「『農林水産業・地域の活力創造プラン』に係る本会の対応」（平成29年3月）より）。

JAはJA法に基づく農業者（農民または農業を営む法人）によって組織された協同組合であり、自己の改革は自身で進めるという姿勢であ

図表2-4　JA全農による主要事業の実施具体策・年次計画（一部抜粋）

	具体策	2017年度	2018年度	2019年度～
米穀	(1) 実需者への直接販売の拡大 （2016年度見込み：80万トン） (2) 買取販売の拡大 （2016年度見込み：22万トン）	(1) 100万トン （47％） (2) 30万トン （14％）	(1) 125万トン （62％） (2) 50万トン （25％）	2024年度 (1) 主食米取扱の90％ (2) 主食米取扱の70％
肥料	(1) 受注・購入方式転換の生産者への周知 (2) 事前予約注文を全農へ積み上げ (3) 予約数量を基に、相見積り・入札などにより徹底比較して、最も有利な価格・工場を決定 (4) 予約注文に基づく配送	4-6月：肥料具体策(1) 7-9月：肥料具体策(2) 10-12月：肥料具体策(3) 1-3月：肥料具体策(4) 一般高度化成・NK化成が対象	他の化成肥料に拡大 →	

(注1) 米穀の目標はJA全農取扱数量に加えて、県連・県農協の直接販売・買取販売の数量を含む。
(注2) 米穀の（ ）内の比率は、主食米取扱量の(1)直接販売の比率、(2)買取販売の比率。
(注3) 化成は化成肥料。窒素・リン酸・カリの三要素のうち二つ以上の成分を含み、化学的な工程などを経て製造した肥料で、3要素の合計が30％以上の製品が高度化成。NK化成は窒素とカリだけを含む化成肥料。
(注4) 基資料では、上記のほか、園芸、農薬、農業機械、段ボール、飼料、輸出について実施具体策・年次計画が示されている。
(出所) 全国農業協同組合連合会「『農林水産業・地域の活力創造プラン』に係る本会の対応」（平成29年3月）を基に大和総研作成

る。とは言え、農業は社会の基盤であり、農業政策との整合性が求められるであろう。

　一方、政府側も農業の重要プレーヤーであるJAの協力なしに農業政策を進めることは望ましいこととは言えないであろう。今回のJA全農の対応は、JAが実施している事業の全分野をカバーするものではないが、具体的な数値目標も掲げ、従来のJAからすればかなり踏み込んだ

改革への確かな一歩と言えるのではないだろうか。
　なお、農協の金融部門（JAバンク）については、第3章で詳述する。

　JA法の見直しについてまとめると、

> ・地域農協について、農業者のための農協という本来使命の再強化
> ・JA全中について、「特別認可法人」から「一般社団法人」に移行
> ・地域農協に対するJA全中による監査の義務付け廃止と、公認会計士による監査の義務付け
> ・JA全農の株式会社へ組織変更の選択可

といったところが主な法改正事項である。
　また、農業競争力強化支援法では、

> ・「良質かつ低廉な農業資材の供給」による資材コストの引き下げ
> ・「農産物流通等の合理化」による流通コストの引き下げ
> ・これらによる農業所得の向上

を図るために、

> ①農業生産関連事業の事業環境の整備
> ②事業再編・事業参入の促進
> ③農業者への情報提供
> ④定期的な施策の検討

といった国が講ずべき施策を定めたものである。

2.2 政府が農業を後押しする理由「地域活性化」

国土利用における農業の存在感

　農業は生命の根本を支えるものであり、経済の根っこである。国土の基盤でもある。日本を除く先進国は農業を大事にしていることは 1.2 節で触れた通りである。

　七つの海を制覇したと言われる大英帝国が衰退したのは、主食を海外に依存し過ぎたせいだという言説がある。もちろん、他にもさまざまな要因があろう。例えば、大英帝国の東アジアにおける重要拠点であるシンガポールを大日本帝国が陥落させたことに象徴されるように、第二次世界大戦緒戦で大日本帝国に軍事的に打ち負かされたことがその後の植民地を失うきっかけとなったという話もある。と話題が逸れたが、第二次世界大戦後のイギリスは農業にも注力し、少なくともカロリーベースでの食料自給率は 70％強まで回復させている。

　GDP などの金額ベースで見た農業の存在感は小さいが (1.2 節)、土地利用における農業の存在感は大きい。2015 年における総土地面積に占める農用地面積は 1 割強であるが、森林面積が 7 割弱であるため、日常的な生活空間の 1／3 以上の面積が農用地と考えられる[7]。

　これは日本全体で見た話である。東京、大阪、名古屋などの都会の中心部にいると田畑の存在を感じることはほとんどないであろうが、首都圏でも少し郊外に出れば、田んぼが広がる風景に出会えるだろう。大都市圏から離れれば、平地の多くを田畑が占めているのである。

　わが国の本格的な農耕開始については、縄文期から弥生期まで諸説あ

---

[7] 農用地面積の比率は、後述の諸外国も含めて、農林水産省『第 90 次農林水産省統計表（平成 27 年 1 月～28 年 3 月）』より計算。森林面積は総務省『世界の統計 2017』（出典：FAO）より。

る。しかし、「古事記」(712年)、「日本書紀」(720年) ですでに「瑞穂の国」と自らの国を美称していることを考えれば、8世紀初頭の時点から見ても大昔からと感じる時間、日本では水稲耕作を続けてきたと考えて良いであろう。弥生時代からと考えても約2300年前から、縄文時代からと考えればもっと遡るほど長い間、わが国の土地利用に農業が組み込まれてきた。

戦国時代や江戸時代前期など、新田開発の波は何度もあるが、わが国の国土は山と海、そして田畑を前提として運営されてきたことは間違いない。水循環システムにおいても田畑、特に水田の存在が重要であり、森林管理とあわせて、土砂災害などへの防災や保水などの機能維持に、農業は欠かせない存在である。

なお、日本以外のいわゆるG7諸国では、総土地面積に占める農用地面積はカナダが1割未満と低めではあるが、他の国では4割以上を占め、フランスは5割強、イギリスでは7割強となっている。

地域基盤である農業

農業生産は地域に密着したものであり、安倍政権が重点テーマに掲げている地方創生にも大きくかかわる。

農業生産は各地域の地勢や気候の影響を大きく受ける。同時に水田をはじめとした農業の土地利用のあり方、すなわち生産する農産物の選択は、地域の風景や都市政策にも大きく影響する。

一方、農産物の販売は、鮮度などの問題から地元で消費せざるを得ないものから、世界を相手にできるものまで多様である。地元でしか消費できない農産物は、観光客呼び込みの一助となろう。世界を相手にできる農産物は、保存や加工などで製造業と連携し得るし、輸送戦略などで運輸業とも連携できる。圃場の整備や排水施設、生産施設などの関係で、建設・土木業との関わりは認識されてきたが(この面ではJAバンクな

どの金融業も重要なプレーヤー)、農業とさまざまな産業との連携という視点で、地域基盤としての農業を再認識することは重要と考える。

　農地と居住地、商業地の関係、そして農産物を輸送する経路といった関係をどのようにしていくかは、国土構造そのものの問題である。国土交通省「国土のグランドデザイン2050」(平成26年7月)では、「コンパクト＋ネットワーク」がキーワードに掲げられているが、コンパクト化した市街地と外縁に広がるさまざまなタイプの農地、それらを効果的に結ぶ交通ネットワークといった姿が考えられる。
　市街地と外縁に広がる農地については、道路を整備するばかりでなく、LRT (Light Rail Transit) などを積極的に活用しても良いのではないだろうか。なお、LRTとは、本格的な鉄道と比べて、簡易かつ低コストの軌道交通システムである。いわゆる路面電車の進化形といったイメージである。具体的には、富山市の富山ライトレールがわが国での本格的なLRTとされるが、他の各地の路面電車でも低床式の新車両の導入などが図られている。費用対効果を考えれば妄想に過ぎないかも知れないが、個人的にはLRT整備が適切な地域があることを期待したい。

　農業を地域基盤として再認識し、これらを有効に実現するための資金融通を実現することも、金融が農業に貢献できるポイントであろう。その際、地域に密着した地元金融機関の活躍が期待される。そのためには、民間のみならず、地方公共団体が将来の地域のあり方を建設的に描き、実現のための各種施策を行っていくことも重要である。

2.3 就農現場に訪れる変化の兆し

農業の企業化は若者の新規就農に道を開く

　農業を成長産業にしていくためには、農業の企業化を進めることが有効な手段の一つである。

　農業の企業化を促進するためには、企業が農地を所有できるようになることが大きなポイントとなろう。農地を所有できる法人（農地所有適格法人）の要件の緩和は進んだが（2.1節）、一般企業が農地を保有するには依然ハードルがある。

　産業廃棄物置き場になってしまう例や、優良農地が工場やスーパーなどになってしまう可能性を考えれば、農地取引に一定の規制があって然るべきとは思う。しかし、賃借・所有のいずれも選択できるような状況になっていることが、一般企業の農業参入の可能性を広げることとなろう。

　農業の企業化は生産性向上なども期待できるが、新規就農のハードルを下げることにも大いに威力を発揮すると思われる。通常の企業が新入社員に集合研修を行い、その後にOJTなどで新人を一人前に育てていくように、まったくの素人の新規就農者を一人前に育てていくシステムを農業の企業化を通じて確立していくべきである。

　稲作であれば、苗を育て、田植えをし、適時草取りや害虫対策などを施し、稲刈りをする。こうした作業が必要であることは、普通に義務教育を学んでくれば知識としては知っているであろう。しかし、実際に特定の農地で稲作を行うとなった場合、農業生産にいままで無縁で過ごしてきた人ならば、その地域ではどういう品種が向いているのか、田植えを行う時期はいつ頃が適切か、稲刈りの前に台風が直撃しそうな場合は

2.3 就農現場に訪れる変化の兆し

どういう対策を取るのか、など、さまざまな疑問がある。

稲作に加えて野菜にも取り組む場合や、野菜を中心に取り組もうという場合もさまざまな疑問が湧いてくるであろう。クリスマスケーキの影響で、イチゴの旬は12月だと思っている人もいるというご時世である（と言っても筆者自身はそういう人に直接会ったことがあるわけではなく、本やマンガからの情報ではある）。

農業高校や大学の農学部などで学んできた人は別にして、普通高校や農学部以外の学部で学んできたような農家生まれ以外の人が、農業生産現場でいきなり独り立ちするのはほぼ不可能である。こうしたことは、別に農業に限らずあらゆる産業で同様のことが言える。

だが、他の産業では当該産業にとって必要な知識や技術を、企業が新入社員に習得させていくシステムを確立していることが通常であろう。しかし、農業においては、研修を受け入れる農家などがあるものの、産業あるいは経営体としての新人教育システムが確立しているとは言い難い。就農の情熱溢れる個人の意気込みに委ねられているというのが現状ではないだろうか。

この点を組織化することが重要である。もちろん、農業に対して情熱溢れる個人が多くいるならば望ましいことである。しかし、そうした情熱に依存するのは産業として発展するためには限界がある。また、情熱が空回りすることはどんな世界でも多々あることで、システム化することにより多様な人材が農業に関わりやすい体制を構築することが求められる。

なお、他の産業には新人教育システムがあるのに、農業にはほとんどなかった理由については、わが国では農業人口が大半であった時代が長かったことが影響していると考える。前述したように戦後間もない頃には就業人口の半数が農業という状況であり、その家族も含めれば農業は

常に身近な存在であった。

　さらに加えて、農耕文化と狩猟文化という比較がなされるように、わが国は根本的に農業国としての文化基盤を持っている。8世紀初頭成立の記紀では「瑞穂の国」と自己認識しているし、武士は農地を守る中で発生してきたものである。戦国時代でも、農繁期に戦をするのは家臣団に迷惑がられる状況が長く続いている。兵の大半は、平時は農業が主業という姿が一般的で、織田信長などが専業化を進めたのが画期的とされている。江戸時代はコメの石高で経済力を計る時代であった。明治時代は地主―小作制、戦後は家族経営の自作農中心と農業の経営形態は異なるにしても、農業が多くの国民にとって身近な存在であった。

　戦後における機械化と化学肥料の活用などを中心とした農業生産の近代化の進展、同時期の経済の高度成長に伴う他産業での旺盛な労働力需要は、農村から都市部への人口流入を促した。都市部で就職するまでは農業が身近なものであった都市流入第一世代は、農作業を手伝ったりした経験がある人も多かったと思われ、他産業から農業への敷居は比較的低かったのではないかと推測される。

　しかし、昭和が終わる頃に就職した世代以降は、都市部で生まれ育った人が多数派となり、農業は他の産業と同様にゼロから学ぶべきものとなっていた。しかし、農業における新人教育システムの必要性が強く認識されることのないまま、平成も一世代と言われる30年が経ち、もうすぐ元号が変わろうとしているのが現状であろう。

農業の企業化はさまざまな可能性を広げる

　組織として対応することにより、週40時間労働（週休2日）、月給の支給、年次有給休暇制度の適用など、一般の企業で行われている就業規則の導入の可能性も高まる。ただし、例えば朝5時起き、通常の勤務日は農地近くで寝起きしなければならないなど、他産業とは異なる農業の

特性を反映した具体的な就業規則も必要となろう。

　家族経営での農業では、繁忙期に臨時的な労働力を募ることもあるだろうが、普段は数名の家族での農作業となるであろう。取扱品目数がそれほど多くなければ、年中忙しいわけではない。しかし、生産から市場に出すまでをすべて家族内で完結しようと思えば、天候や農作物の都合に合わせて動かねばならない場面も多い。他の産業のように、1週間の休みを取って旅行に出かけるというのは、小規模家族経営では農閑期以外は難しいであろう。

　品目数が多くなければ、生産している品目の市況に収入が大きく左右される。それを回避しようとして品目数を増やすのであれば、数名の家族ではいずれ限界が来るであろう。

　しかし、大規模化、組織化を進め企業的な経営体としていくことによって、取扱品目数を増加させることが可能になる。また、生産する野菜などの旬の組み合わせを工夫すれば、繁閑期をある程度平準化することも可能となろう。分業することによって、常に田畑に張り付いている必要もなくなるはずである。

　生産規模の拡大には販路の拡大が伴わなければ、売れ残りが発生してしまうことになるが、家族経営では販路開拓にまで人員を割くのは難しい。もちろん見本市への出展など、ある程度のことはできるであろうが、これまた限界がある。大規模化、組織化することによって、販路開拓の専門人員を配置することにより、生産規模拡大に対応する戦略も立てられる。販路開拓の専門人員は、日本津々浦々、さらに海外まで売り込みを掛けることも可能となる。

　大規模化、組織化を進展させることにより、他産業との連携の試みも対応しやすくなるであろう。現在でも「農泊」を推進しようという動きがあるが、観光業と連携するにしても、家族経営ではなかなか人員を割くのは困難であろう。そもそも観光業に関心がある家族が農家にたまた

まいるという偶然に頼らざるを得ないかもしれない。

なお、農泊とは農山漁村滞在型旅行を指す。具体的には、農山漁村などで第1次産業を体験したり、農山漁村の古民家など日本古来の家屋に滞在する宿泊体験などである。学校などでの体験学習や、海外からのインバウンド旅行などでの活用が進んでいる。ただし、現状では農泊の供給量に限界がある。

その他、農産物の直売や自前の農産物を使ったレストラン経営など、いわゆる6次産業化の推進にも人員の拡大、すなわち大規模化、組織化が鍵となってくる。ついでながら、直売場やレストラン経営を軌道に乗せるためにも、観光業との連携は重要である。

つまり、現状のままの家族経営でもやっていけないわけではないだろうが、産業としての農業の発展、収益を十分挙げられる農業の実現には、家族経営主体から企業化された農業主体への転換が求められている。

小規模家族経営から大規模化、組織化、企業化へ

地主―小作関係のアンチテーゼとして家族経営を主体としてきた戦後の農業では、新規就農するに際して、既存の農家にある程度お世話になる期間があるにしても、いずれは独立して家族経営という道が暗黙の前提としてあったように思われる。戦後のわが国の農業は、家業としての農業という枠組みが中心であったと言えるのではないか。

しかし、意欲ある農家を中心に、大規模化、組織化、企業化は進展しつつある。もちろん、小売業や飲食業などでも引き続き見られるように、家業としての農業というあり方は継続されて良い。ただし、産業全体として見た場合、家業しかないという状況よりも、企業としての農業が増えた方が安定し、自給率向上や農業輸出振興への取り組みにも積極的に対応できるであろう。

2.4 "企業化する農業" の実現法

農業の大規模化への道筋

　安倍政権の成長戦略では、「攻めの農林水産業」を掲げ、そのためのさまざまな施策を進めている。その基本的なトーンは、農業の成長産業化を図るために農業の企業化を促進しようというものであることは、本章冒頭で触れた通りである。

　農地集積バンクの創設と活用、関連する農業委員会の見直し、農地を所有できる法人の見直しなどは、農業の大規模化、組織化、企業化などを支援するものと言っても良い。

　農業の経営体の大規模化を図り、安定的に経営するためには、一定規模以上の農産物の収量が必要となろう。またリスクの分散化やリターンの多様化を実現するためには、やはりある程度の規模が必要となろう（農業生産のリスク、リターンなどの発想については第3章や第4章）。

　そして、前節で述べたように、販路開拓や他産業との連携・進出などを実践するためには、その前提としての一定規模の農産物の存在と経営体としての人員の確保が必要となる。そのための政策的な後押しのメニューは揃いつつある。

　既存の農家や農業法人などが大規模化する場合、農林水産省や地方公共団体が揃えているさまざまな支援策の活用、金融面では第3章で詳述する日本政策金融公庫やJAバンク、あるいは農業分野で実績のある一部民間金融機関の活用などが考えられる。

　経営ノウハウについてもそうした機関などが開催するセミナーや研修なども活用できるし、時間とお金が許すなら本格的に大学の農学部やMBAなどに通うことも考えられよう。あるいは周辺産業との積極的な

連携やJAなどとの協業も考えられる。いずれにしても、家族経営の延長上の発想ではどこかで限界が来ると推測される。

「未来投資戦略2017」でも

> ・地域の経済界とも連携し、経営の法人化、円滑な経営継承、経営管理能力の向上、他産業との人材マッチング等を推進する。
> ・営農しながら本格的に経営を学ぶ場である農業経営塾を本年度に20県程度で開講するとともに、外国人材受入れの在り方に関する検討状況に留意しつつ、外国人材の活用による人材力の強化策について検討を進める。
> ・株式会社日本政策金融公庫等の事業性評価融資の点検・改善を行うことにより担保・保証人に依存しない融資を推進する。

と、既存の農家などが大規模化していくための環境を整備することを明記している（「生産現場の強化」の「経営体の育成・確保のための環境整備」という項目）。外国人材については別の観点からの議論もありそうだが、そうした議論は別にして、既存の農家が大規模化して、企業的経営を行えるようにさまざまな方法で後押ししようという姿勢が表れている。

一方、他産業から農業に参入する場合は、既存農家や農業法人の提携から始めることとなろう。すでに食品製造業、食品スーパーなどの小売業、飲食業などの大手企業では有力な農家の組織化などを進めてきた経緯があり、その延長上で農業生産そのものに参入している例もある。将来的には、組織化した農家を役職員とする農業生産企業の設立などもあり得るであろう。

なお、植物工場などで生産できる品目については、前述とはまた異なる話もあり得るが（必ずしも大規模な農地や既存農家の協力が必要とは限らないなど）、話が拡散するので本節では触れないこととする。

6次産業化に向けた農業と周辺産業の連携・融合

　6次産業化の推進によって農業の活性化を図ることも、成長戦略の重要な鍵の一つとなっている。前節でも述べたように、6次産業化を積極的に推進することは、やはり農業の企業化を促進することとつながる。

　ちなみに、6次産業化とは、農業や水産業などの第1次産業が、加工などの第2次産業、サービスや販売などの第3次産業まで含めて一体化した産業として取り組むことにより、農業の収益性、持続可能性を高めようということである[8]。次式のような考え方で、6次産業としている。

$$1次（生産）\times 2次（加工）\times 3次（販売）= 6次産業化$$

　もう少し平たく言えば、農産物の生産だけでなく、加工や販売・サービスなども農業生産側で取り込むことにより、農業生産者あるいは農業に関わる経営体の儲けを増やそうということである。儲けが増えれば、人を雇うことも容易になる。あるいはある程度の人を雇わねば、こうした6次産業化への展開は困難である。つまり、6次産業化の推進は、農業の企業化の促進とつながる。

　政府が大々的に6次産業化に取り組む前から、一部の意欲的な農家や民間事業者はこうした事業を進めていたが、やはり法律ができ、予算がつけば、さまざまな支援も実施されるし、世間の認知度も向上する。そ

8　6次産業とは、東京大学名誉教授の今村奈良臣氏が唱え始めた概念とされる。農業生産者自身や近縁者による農産物の加工、直売やレストラン経営などは、6次産業という名称が提唱される前から始まっていたと思われるが、名称および概念として認識されることにより、より積極的に新たな展開に移行しやすくなると考える。2010年成立の「地域資源を活用した農林漁業者等による新事業の創出等及び地域の農林水産物の利用促進に関する法律」という長い名称の法律が法的な根拠となっている（略称は「六次産業化・地産地消法」）。その前文に「一次産業としての農林漁業と、二次産業としての製造業、三次産業としての小売業等の事業との総合的かつ一体的な推進を図り、地域資源を活用した新たな付加価値を生み出す」と規定している。

して新たな発想による6次産業の展開が期待される。また、後述するように2013年には6次産業化を金融面から支援する官民ファンドも設立されている（3.3節）。

前述の既存の大企業が農業に参入する場合とは別に、地場の飲食業や観光業、建設業などによる農業参入や、既存の農家との連携による6次産業化なども始まっている。こうした地場の他産業の企業と農業の連携や融合による6次産業化は、地域振興、地方創生に資するものでもある。

飲食業や食品産業との農業との連携・融合はある程度イメージしやすいと思う。観光業もある程度イメージできると思うが、農泊などをはじめ、鮮度などの問題から地元でしか味わえない農産物による料理を提供するレストラン、農閑期を活用した地元案内など、観光客を地域に呼び込むための農業と観光業の連携はいろいろ考えられる。

建設業については、灌漑排水設備や施設建設などの農業土木で農業との接点がある事業者はもちろんのこと、そうでなくても農業関係の土木建設事業には親和性を持てるであろう。建設機械の扱いや燃料調達の経験などは、農業機械の取り扱いなどで農業生産に転用できる。何よりも建設業での企業経営の視点を農業生産に導入できる利点は大きい。農業と建設業の繁閑期が重ならないような地域では、人員のやり繰りも工夫できる。

6次産業化の事例

農林水産省『6次産業化の取組事例集』（平成29年2月）には、建設業、観光業などからの参入についても紹介されている。

例えば、愛知県豊田市の建設業者である株式会社杉田組は、「ブルーベリーを使った新商品の開発、加工販売」に取り組んでいる。同事例集によると、取り組むに至った経緯として、

2.4 "企業化する農業"の実現法

- ・自社の建設重機を活用し、園地の整備を行うとともに、ブルーベリーが他の作物と比較して初期投資が掛からないことに着目した。
- ・生鮮販売だけでは需要が乏しく、観光農園も開園時期が限定されることから、6次産業化による付加価値向上を決意した。

と記されており、建設重機の活用、園地の整備など、建設業として従来取り組んでいたことを足掛かりとしていることが伺える。

同事例集に紹介されているもう一つの事例も挙げてみよう。鹿児島県鹿屋市の運送業者である株式会社オキスは、「農産物の生産、乾燥野菜・お茶製品・野菜パウダーの製造販売」に取り組んでいる。取り組むに至った経緯として、

- ・運送業の経営で感じた荷下ろし後のトラックの有効活用を図りたいという発想から、大隅半島の温暖な気候をいかした農産物の生産を開始した。
- ・農産物の高付加価値化と流通の効率化に着目し、乾燥野菜や飲料、茶葉の加工を着想した。
- ・生産する野菜を乾燥野菜や飲料等に加工し、他の事業者と連携して更に加工度の高い商品を開発した。商品の流通は運送業を営むグループ企業が担当した。

と記されており、従来取り組んできた事業由来の問題意識から出発している。

第2章 農業に新しい風が吹く

コラム 農業と最先端技術、人間が求める五感の充実感

　太古から存在する産業である農業は、時々の最先端技術を応用する場でもある。灌漑工事などは当時の最新の土木技術を注ぎ込んだであろうし、農作物の品種改良は現代のバイオ科学の先駆けである。

　近年では、天候予測の活用、センサーなどで集めた情報に基づくITによる分析などが農業への最先端技術の応用の一例であろう。農業関係のさまざまなデータをビッグデータ解析的な処理を行えば、新たな知見が得られるかもしれない。一方、遺伝子工学の応用は、少なくともわが国の消費者からは敬遠されているようである。

　本書執筆時点では、ドローンとさまざまな技術を組み合わせた農業への適用が話題となっている。農産物の成長具合の確認、人が行きにくい農地の状況監視、現状では小規模とならざるを得ないが、種まきなどへの応用なども想定されているようである。

　衛星技術の活用も話題である。衛星からの情報に基づく農産物の生産適地の解析、GPSを応用した無人農機の運用などが挙げられている。いずれは、マンガやSFに出てくるようなロボットによる農業生産なども実現するかもしれない。

　一方で、農作業は人間の五感をフルに使うものであり、生物としての人間の充足感、満足感を満たし得るものである。こうした感覚は、工業製品の生産現場や、まして五感の中では視覚と触覚（具体的には指）が主体となるIT産業では得られないとされる。

　そういう満足感などは、趣味の家庭菜園などで求めるべきものであり、産業としての農業では最先端技術をどんどん応用すべきという見方もあろう。しかし、最先端技術側から農業に関わろうとする立場の人はともかく、そういう立場ではない若者が新規就農して満たされるためには、五感の充実感は捨てがたいように思われる。

　新規就農者の減少がわが国の大問題であると考える筆者としては、最先端技術の導入を積極化するのは良いとしても、それ以上に労務管理を含む経営の近代化の充実に注力するべきと思ってしまうのだが。

第3章

試される
農業金融の変革

第3章　試される農業金融の変革

3.1　農業金融の変化

農業金融に関わる機関

わが国で農業に関わる組織はさまざまにあるが、最初に農業協同組合（農協、Japan Agricultural Cooperatives の略としてJAと呼称することも多い）を思い浮かべる人が多いのではないだろうか。

農協は、農業者（農民または農業を営む法人）によって組織された協同組合であり、農業協同組合法（JA法）に基づく法人である。2016年度末で679法人ある総合農協と分類される農協[9]では、経済事業・信用事業・共済事業（いわゆる農協3事業）を総合的に行っている（JAグループの組織図については図表2-3を参照）。

農協は、経済事業を通じて農業機械などを農家に斡旋し、JAバンク（農協の金融部門）を通じてその購入資金を供給することによって、戦後におけるわが国農業の機械化進展に貢献したと考えられる。農協の信用事業については、各県に信用農業協同組合連合会（JA信連）が存在し、さらに全国組織としての農林中央金庫（農林中金）が存在している。これらは個別農協（単位農協、地域農協）の金融の円滑化を目的として、預金の受け入れ、資金の移動や貸付、手形取引、有価証券運用などを行っている。

JAバンクのウェブサイトによると、個別農協は認定農業者（農家）、JA出資法人、集落営農組織などに対する融資対応を行うとしている。JA信連、農林中金については、個別農協を支援すると共に、個別農協

---

[9] 総合農協とは別に、専門農協がある。専門農協は信用事業を行わず、畜産、酪農、園芸といった特定の生産物の販売・購買事業のみを行う農協で、2016年度末で1,594法人ある。本書は農業金融をテーマとしているので、総合農協について記述することとし、特に断りがない限り専門農協は外して考えている。

の対応が困難な農業法人などに対して積極的な金融対応を図るとしている。

つまり、いわゆる小規模家族経営の農家など相対的に中小規模の農業生産者については個別農協、相対的に大規模の農業生産者は信農連や農林中金という具合に役割分担している。

近年では、農林中金とJA信連の統合による組織の2段階化や、JA信連と県下の農協が合併して一つの農協になるなどの組織再編が進められている。なお、これらのJAグループに漁業協同組合(漁協)や信用漁業協同組合連合会(信漁連)を併せて「組合金融機関」と称される。

JAバンクに次いで、農業金融に関わっている機関として思い浮かべられるのは、日本政策金融公庫(日本公庫)の農林水産事業部門であろう。日本公庫の農林水産事業部門は、行政における農業に関する金融の中心となっている。前身は農林漁業金融公庫であり(2008年10月に日本公庫に統合、以下では農林漁業金融公庫だった時代も含め日本公庫と表記)、農林水産省が所管するさまざまな農業施策を金融面から推進する役割を担っている。

「農林漁業には、『天候などの影響を受けやすく収益が不安定』、『投資回収に長期間を要する』といった特性があり、これらを考慮した長期の資金を供給」、「国産農林水産物の安定供給、付加価値向上に寄与する食品産業を支援」するような融資業務を実施している(日本公庫「日本政策金融公庫　ディスクロージャー誌　2017」p.38より)。なお、沖縄県については、沖縄振興開発金融公庫が同様の業務を担っている。

民間金融機関も農業に融資しているが、農業に対する貸出金の中で民間金融機関が占める比率は低い。農業地域が地盤地域に含まれていると推測される地方銀行、信用金庫の比率が相対的に高い傾向が見られる[10]。

JA と JA バンク

　戦後の日本では、小規模家族経営の自作農が農業生産の主体となっており、その中でもコメが中心的な作物であった。JA はそうした小規模家族経営の自作農による共同組合であり、金融面でもそうした組合員のニーズに応えるような品揃えとなってきたと考えられる。

　一方、JA は農業と地域社会に根差した組織を標榜しており、直接的に農業に関わっていなくとも各 JA の地元の人々が参加することによって、地域の活性化を実現していくことを目指し、准組合員制度を導入している。

　JA の正組合員は農業者などが条件だが（耕作面積や農業従事日数などの組合員資格の基準は各 JA が定めている）、准組合員は農業者以外となっている。JA ごとに定めた一定の出資金を払えば、准組合員として加入でき、JA の事業を正組合員と同じように利用できる（ただし、総会での議決権や役員の選挙権など JA の運営には関与できない）。JA は農業生産に直接的に関わる事業以外に、農村や農業者の生活全般に関わる事業も対象範囲としており、准組合員はそうした農業地域の生活全般に関わる制度と言える。

　JA の総組合員数は 2001 年度の 908.3 万人から 2015 年度の 1,037 万人に増加しているが、増加しているのは准組合員であり、正組合員は 2001 年度末の 521.1 万人（うち個人 520.2 万人、団体 0.9 万人）から 2015 年度には 443.3 万人（うち個人 441.6 万人、団体 1.8 万人）に減少

10　日本銀行「貸出先別貸出金」によると、2002 年度末の農業向け貸出残高は、都市銀行 2,202 億円（民間金融機関の農業向け貸出残高に占める比率 22.4％）、地方銀行 3,641 億円（同 37.1％）、第二地方銀行 1,189 億円（同 12.1％）、信用金庫 2,646 億円（同 27.0％）である。残念ながら 2003 年度以降はこれらの内訳項目は廃止になっている。2015 年度末では信用金庫の農林業向け貸出残高は公表されており、1,190 億円で民間金融機関の農林業向け貸出残高の 15.3％を占める。信用金庫の農林業向け貸出残高は、金額・比率とも減少・低下基調となっている。

3.1 農業金融の変化

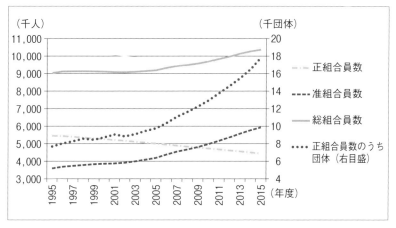

図表 3-1 単位農協の組合員数

(注) 総合農協の組合員数。
(出所) 農林水産省「農業協同組合及び同連合会一斉調査」より大和総研作成

している(**図表 3-1**)。

2009 年度に准組合員数が正組合員数を上回り、その後は准組合員数の方が多い状態が続いている。なお、正組合員のうち団体数は増加基調であり、農業者の組織化が進んでいることが推測される。また、2015 年度の農家人口は 488.0 万人なので、単純計算で農家と認識されている人の約 9 割が農協に加入している計算になる[11]。

話を戻すと、単位農協の組合員数は正組合員よりも准組合員の方の数が多くなっているわけで、信用事業においても准組合員の利用が多く

---

11 農林水産省「農業構造動態調査」の用語解説によると、「農家」は、「経営耕地面積が 10a 以上の農業を営む世帯又は経営耕地面積が 10a 未満であっても、調査期日前 1 年間における農産物販売金額が 15 万円以上あった世帯」としている。また、「農業を営む」とは、「営利又は自家消費のために耕種、養畜、養蚕、又は自家生産の農産物を原料とする加工を行うこと」としている。つまり、いわゆる農業を主業としている以外の人が多く含まれる数値と言える。一方、通常は他の仕事や家事・育児が主である人も含めた「農業従事者」の数は正組合員数を下回る。例えば、「自営農業に従事した世帯員数」は、2015 年度は約 340.0 万人である。

図表3-2 単位農協の貸出金残高に占める農業と住宅の比率[12]

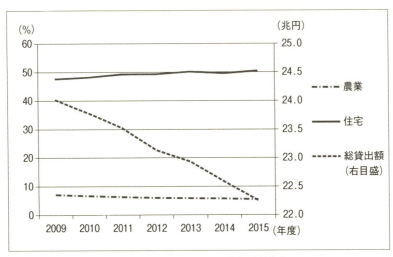

(出所）農林中央金庫「農林漁業金融統計」より大和総研作成

なっていると推測される。JA バンクの貸出自体は、住宅ローン、自動車ローン、教育ローン、その他各種ローンなど一般の銀行と同様の品揃えとなっており、農業という事業そのものへの貸出が占める比率は2015年度で単位農協の総貸出額の5％程度と低い（**図表3-2**）。

　JA バンクのウェブサイトでは、「農業関係資金一覧」という融資メニューを掲載しており、その中には日本公庫資金（JA は日本公庫資金の窓口機関となっている）という区分も掲載されている（**図表3-3**）。これらの融資メニューは最近のものであり、時代と共に融資メニューの種類も変遷してきたと思われる。現在ある融資メニューの中では、JA農機ハウスローン、営農ローンなどが、小規模家族経営の農家の設備面での近代化などに貢献してきたと推測される。

---

12 農協については2009年度分から農業向け貸出金残高が公表され、以前とは異なる定義のデータとなっている。そのため、本書の農協の農業向け貸出金残高に関わる数値や図表は、基本的に2009年度以降について提示している。

図表3-3　JAバンクの農業関係資金一覧

名称	区分	資金使途	利用可能者	概要
JAの農業融資				
農業近代化資金	長期	機械、施設、長期運転資金	認、就、坦	農業の「担い手」の経営改善のための長期で低利な制度資金。
農業経営改善促進資金 (新スーパーS資金)	短期	運転資金	認	「認定農業者」向けの農業経営に必要な運転資金を低利で提供する短期の制度資金。
アグリマイティー資金	長期 短期	農地、機械、施設、長期運転資金	認、就、坦、他	農地・設備の取得・拡張、設備・機具購入、短期の運転資金、など農業に関するあらゆる資金ニーズに対応するJAバンク独自の資金。制度資金よりも迅速な対応が可能。
JA農機ハウスローン	長期	機械、施設資金	認、就、坦、他	農業生産向上のための農業機械等の取得に対応する融資商品。
営農ローン	短期	運転資金、小額の機械・施設等	認、就、坦、他	農機具の購入や運転資金など営農関係のあらゆる資金に利用できるJAバンク独自の資金。
農林水産環境ビジネスローン	長期 短期	運転資金、設備資金	認、就、坦、他	農業法人向けに、運転資金や設備資金などの資金ニーズに対応する資金。
日本政策金融公庫資金				
農業経営基盤強化資金 (スーパーL資金)	長期	農地、機械、施設、長期運転資金	認	「認定農業者」を対象とする経営改善のための長期資金。
経営体育成強化資金	長期	農地、機械、施設、長期運転資金	就、坦	農業の「担い手」の経営改善のための長期資金。
農業改良資金	長期	新作物分野・流通加工分野・新技術にチャレンジする場合に必要な資金	認、就、坦	農業の「担い手」が、新作物分野、新技術へのチャレンジ、新たな加工・流通部門への進出など、高リスク農業への取り組み支援のため、無利子で提供される長期の制度資金。
青年等就農資金	長期	就農するにあたっての機械・施設・長期運転資金	就	市町村から認定を受けた「認定新規就農者」に対して、農業経営に必要な資金を提供する無利子の制度資金。

(注1) 利用可能者欄は、認：認定農業者　就：認定新規就農者　担：認定農業者、認定新規就農者以外の担い手　他：認、就、担以外。
(注2) 農協は、日本公庫資金の窓口機関となっている。
(注3) 太字が「農業経営改善関係資金」。
(出所) JAバンクウェブサイト「農業関係資金一覧」に基づき大和総研作成

農林水産省が「農業経営改善関係資金」として設けている制度資金が、農業近代化資金、農業経営基盤強化資金（スーパーL資金）、経営体育成強化資金、農業改良資金、青年等就農資金であり、図表3-3に太字で示している。いずれも長期の資金を融資するものであり、農業に関する制度金融の中核を成すものと言える（次節で改めて説明する）。

なお、日本公庫の農林水産業に関する融資メニューは、図表3-3に掲載したJAが窓口になっているもの以外にもあるが、本書は融資メニューを紹介することが主目的ではないので、関心のある読者は直接日本公庫のウェブサイトなどで確かめて欲しい。

3.2 農業金融の主体であるJAバンクと日本公庫

近年の農業向け貸出金残高

わが国の農業向け融資は、JAバンクと日本公庫が主体となってきた。近年の農業向け貸出金残高の状況を見ると、2011年度以降はやや減少傾向が続いていたが、2015年度には少し増加に転じている（**図表3-4**）。減少傾向にあるのはJAバンクの特に単位農協であり、民間金融機関、政府系金融機関は貸出金残高額もそのシェアも徐々に拡大しつつある。ただし、2015年度は農林中金が貸出金残高額、シェア共に拡大させ、政府系金融機関のシェアは若干低下した（貸出金残高額は増加）。

JAバンクの2015年度末の農業に対する貸出金残高は合計約2.1兆円である。営農類型別に単一分野の順位を見ると、養豚・肉牛・酪農が最も多く、次いでコメなどの穀作が多くなっている（**図表3-5**）。畜産は相対的に設備投資が必要であること、日本ではコメ農家が多いことなどを反映していると思われる。

競争力を強化する融資に努める農協と日本公庫

食料・農業・農村基本法の目的を実現するために、「意欲と能力のある農業の担い手が、経営改善を図ろうとする場合に必要な長期資金が的確に供給されるよう、わかりやすく使いやすい制度資金として」農業経営改善関係資金が設けられている（農林水産省ウェブサイト「農業経営改善関係資金のご案内」より）。

農業経営改善関係資金は大きく分けて、農業近代化資金と日本公庫資金がある。日本公庫資金はさらに、農業経営基盤強化資金（スーパーL資金）、経営体育成強化資金、農業改良資金、青年等就農資金に分けら

図表3-4 農業向け貸出金残高(上図:金額、下図:構成比)

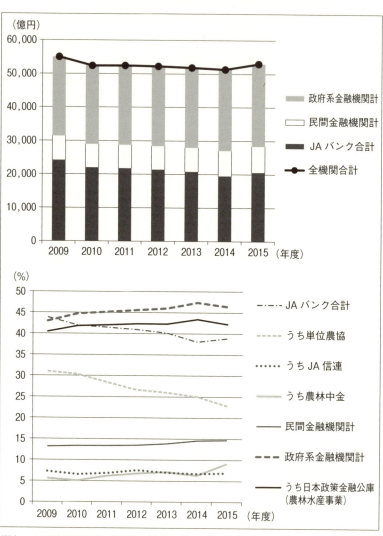

(注) 民間金融機関計、政府系金融機関計、日本政策金融公庫は農業と林業の合計値。
(出所) 農林中央金庫「農林漁業金融統計」より大和総研作成

3.2 農業金融の主体であるJAバンクと日本公庫

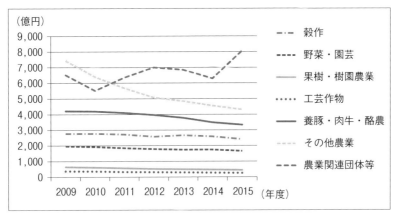

図表3-5　農協系統の営農類型別農業関連資金残高

(注1) 単位農協、JA信連、農林中金の合計。
(注2) 農業関係の貸出金は、農業者、農業法人および農業関連団体などに対する農業生産・農業経営に必要な資金や、農産物の生産・加工・流通に関係する事業に必要な資金など。
(注3) 「その他農業」には、複合経営で主たる業種が明確に位置付けられない者、農業サービス業、農業所得が従となる農業者などを含む。
(注4) 「農業関連団体等」には、単協やJA全農（JA経済連）とその子会社などを含む。
(注5) 基資料には「養鶏・鶏卵」「養蚕」という分類もあるが、金額が小さいので本図表には掲載していない。
(出所) 農林中央金庫「農林漁業金融統計」を基に大和総研作成

れ、いずれも長期の資金需要に応えるものである。近年では、認定農業者を対象とし、相対的に資金規模が大きい農業経営基盤強化資金（スーパーL資金）が伸びている（**図表3-6**）。

　農業近代化資金は、農協などが融資する最も一般的な長期資金である。日本公庫資金は、農協などでは十分な対応ができない場合（償還期間が長い、資金規模が大きい、農地取得を含んでいるなど）に、日本公庫が融資する長期資金である。農業近代化資金は民間原資であるが、国や地方公共団体による利子補給により低利（特定の条件を満たせば実質無利子）となっている。日本公庫資金は財政資金であり、低利（特定の

図表 3-6　農業経営改善関係資金（上図：単年度貸付額、下図：貸付残高）

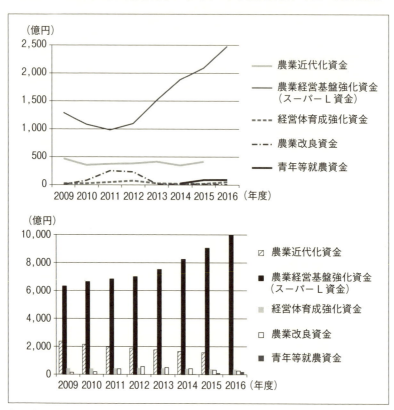

（注1）農業近代化資金の貸付残高は 12 月末。2016 年度分は執筆時点で未入手。農業近代化資金の貸付額と貸付残高には、都道府県が独自で農業近代化資金と定めているものを含む。
（注2）農業改良資金は、法改正により 2010 年 10 月に都道府県貸付けから公庫貸付けへ移管。
（注3）青年等就農資金は、2014 年度から開始。
（出所）農林中央金庫「農林漁業金融統計」、日本政策金融公庫農林水産事業「業務統計年報」より大和総研作成

条件を満たせば実質無利子) あるいは無利子である。それぞれの資金の借入手続・様式は統一化されている。

農業近代化資金は、建構築物等造成資金(農林中金「農林漁業金融統計」に従って「建構築物」と略)、農機具等取得資金(同「農機具等」と略)、果樹等植栽育成資金(同「果樹」と略)、家畜購入育成資金(同「家畜」と略)、小土地改良資金(同「小土地改良」と略)、農村環境整備資金(同「環境整備」と略)、長期運転資金(同「長期運転」と略)、大臣特認資金(同「特認」と略)、という種類がある(**図表3-7**)。

都道府県ごとに貸出条件が異なる場合があり、JAバンクのほか、民

図表3-7 農業近代化資金の種類

種類	内容
建構築物	農舎、畜舎、果樹棚その他の農産物の生産、流通、又は加工に必要な施設の改良、造成、復旧または取得に要する資金。
農機具等	農機具等の改良、復旧または取得に必要な資金。
果樹	果樹その他の永年性植物の植栽または育成に必要な資金。
家畜	乳牛その他の家畜の購入または育成に必要な資金。
小土地改良	農林水産大臣の定める規模を超えない規模の農地または牧野の改良、造成又は復旧に必要な資金。
環境整備	診療施設その他の農村における環境の整備のために必要な施設の改良、造成または取得に必要な資金。借りられるのは農協などの農業者組織のみ。
長期運転	農業経営の規模の拡大、生産方式の合理化、経営管理の合理化、農業従事の態様の改善その他の農業経営の改善に伴い必要な資金。農協等の農業者組織が借りることはできない。
特認	農林水産大臣が特に必要と認めて指定する資金。農村給排水施設、特定の農家住宅、内水面養殖施設の改良、造成または取得に必要な資金。

(出所) JAバンクウェブサイト「農業近代化資金」、埼玉県ウェブサイト「農業近代化資金」、東京都産業労働局農林水産部ウェブサイト「農業近代化資金」、農業近代化資金融通法施行令などを参考に大和総研作成

間銀行なども融資機関となっている。都道府県の場合、利子補給先については、JAバンク以外は各都道府県の地元金融機関が主となっていることが多い。

　農業近代化資金の直近のフローの貸出額を見ると、個人施設向けは、金額順に農機具等、家畜、建構築物の順に多い（**図表3-8**）。共同利用施設向けは、建構築物、農機具等、環境整備の順となっているが、共同利用施設向け全体として減少している。こうした農業近代化資金の内容などからも、JAが小規模家族経営の農家のための組合であることが表れているように思う。

農業経営改善関係資金の都道府県別動向

　農業経営改善関係資金全体の貸出額（フローベース。以下、すべて同じ）について、2009～2015年度の平均値を都道府県別に見ると、北海道が最も多く、次いで宮崎、鹿児島、佐賀となっている（**図表3-9**）[13]。一部の県を除いて（以下、都道府県の比較に言及する際は、都、道、府も含めて「県」として記述する）、九州、東北、北関東などで多い傾向が見られる。三大都市圏では、千葉、愛知が多く、兵庫は周辺県よりは相対的に多い。農業経営改善関係資金の貸出額の大小は、農業産出額の大小と（**図表3-10**）、ある程度相関していると考えられる。

　農業経営改善関係資金の種類では農業経営基盤強化資金が最も多い県が大半であるが、高知、佐賀は農業近代化資金の方が多い。経営体育成強化資金、農業改良資金はいずれの県においても相対的に小さい。青年等就農資金は、2014年度から新規に加わった制度資金で金額が小さいため、図表3-9では省略している。

---

[13] 図表3-9は前脚注と同様に、農協については2009年度分から農業向け貸出金残高が公表され、以前とは異なる定義のデータとなっている。そのため、ここでも2009年度以降の平均値で図表などを作成している。

図表 3-8　農業近代化資金の種類別利子補給承認状況
（上図：個人施設、下図：共同利用施設）

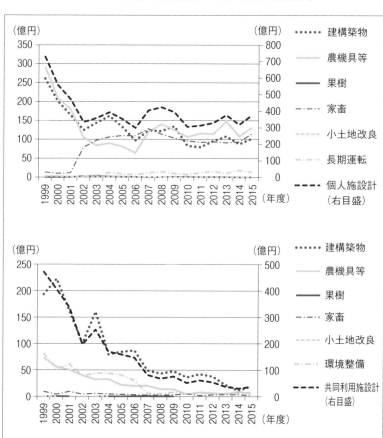

（注1）基資料にある「特認」、「セット」（各種資金の組み合わせ）は掲載していない。
（注2）農林中金の国の直接利子補給による融資分を含む。
（出所）農林中央金庫「農林漁業金融統計」を基に大和総研作成

第3章 試される農業金融の変革

図表3-9 都道府県別の農業経営改善関係資金の年度新規貸出額
（2009～2015年度平均）

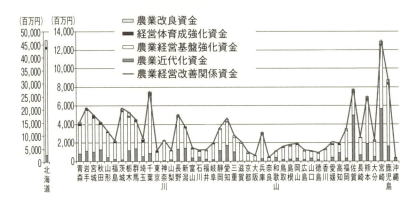

（注）　沖縄については、農業近代化資金および2010年度以前の農業改良資金以外のデータは未入手。
（出所）農林中央金庫「農林漁業金融統計」、日本政策金融公庫農林水産事業「業務統計年報」、農林水産省ウェブサイト「農業改良資金のご案内」より大和総研作成

図表3-10 都道府県別の農業産出額（2009～2015年平均）

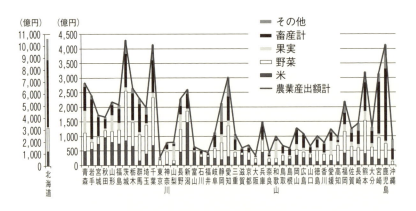

（出所）農林水産省「生産農業所得統計」より大和総研作成

3.2 農業金融の主体であるJAバンクと日本公庫

　なお、農業産出額の内訳を見ると、米は北海道、東北、新潟など、畜産は北海道、東北、南九州、茨城、千葉などで他県に比べて相対的に多い。野菜は大都市圏が比較的多く、果実は青森、山形、山梨、長野、和歌山、愛媛、熊本など特定の果物の名産地として連想される県が多い。

3.3 A-FIVE の動き、民間金融機関のシェア拡大

官民連携ファンドの活用

　前節で触れたような農協や日本公庫などの動向は、引き続き農業の金融面に大きな影響を与えるであろうが、新たな動きもある。例えば、農業分野での官民連携ファンドである株式会社農林漁業成長産業化支援機構（A-FIVE：英名 Agriculture, forestry and fisheries Fund corporation for Innovation, Value-chain and Expansion Japanを基にした愛称）など、従来と異なる形態での資金を活用して、わが国の農業を成長産業化することが図られている。

　成長戦略の最新版である「未来投資戦略2017―Society 5.0の実現に向けた改革―」（平成29年6月9日）では、「6次産業化の市場規模を2020年度に10兆円とする（2015年度：5.5兆円）」ことをKPI（Key Performance Indicators）としている。

　6次産業化を推進する核と位置付けられているのが、A-FIVEである（**図表3-11**）。2013年1月に官民共同出資の財投機関として設立された、いわゆる官民連携ファンドである。2016年7月6日現在、国が300億円、民間企業（11社）が約19億円、計約319億円を出資している。民間側の出資者は、カゴメ株式会社、農林中金、ハウス食品グループ本社株式会社、味の素株式会社、キッコーマン株式会社、キユーピー株式会社、株式会社商工組合中央金庫、日清製粉株式会社、野村ホールディングス株式会社、明治安田生命保険相互会社、トヨタ自動車株式会社であり（金額順かつ50音順）、食品企業が大半を占める。

　A-FIVEは、支援対象の事業体に対し、出資や劣後ローンによる直接の資金供給も実施するが、地方公共団体、農業団体、金融機関、地元企業などと共同で設立するサブファンドを通じた出資をメインとしてい

3.3 A-FIVE の動き、民間金融機関のシェア拡大

図表3-11 農林漁業成長産業化ファンドの基本スキーム

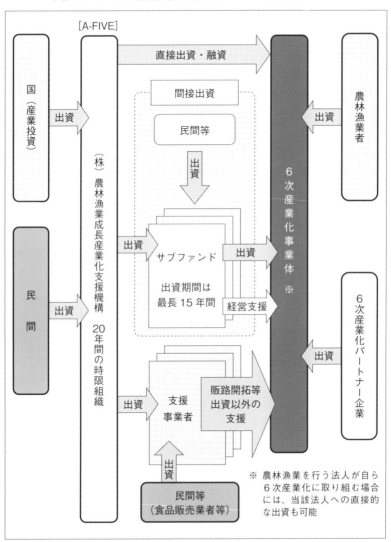

(出所) 株式会社農林漁業成長産業化支援機構提供

る。

　2017年10月13日現在で、各地の地域金融機関、メガバンク、事業会社などの出資者とA-FIVEで設立したファンド（サブファンド）の数は48ファンド、コミットメント総額は695億円となっている（A-FIVE「農林漁業成長産業化ファンド―サブファンドの状況―」より）。投資先事業体数は118社、投資金額は74.6億円となっている（これとは別にA-FIVE 単独投資案件が1社ある）。サブファンドのコミットメント総額および投資先事業体への投資金額の半分が、A-FIVEの出資及投資金額である。

　118社の投資先のうち、すでに支援終了した先が12社ある（**図表3－12**）。出資者である農林漁業者などの意向や申し出に基づき、株式は株主などに売却している。売却に際しては、「純資産方式等の一般的な株価算定方式を基に、売却価格を算定」したとのことである（官民ファンドの活用推進に関する関係閣僚会議幹事会「官民ファンドの運営に係るガイドラインによる検証報告」より）。ただし、各投資案件の売却金額や収支のプラスマイナスは不明である。従って、執筆時点で入手可能な公表資料では個別案件それぞれが成功か失敗かは判断できないが、筆者個人としてはこうした試みを実践すること自体にも意義があると考えている。

　もちろん、個別案件に出資した以上の金額で株式を売却できたのであれば、まずは成功と考えて良いであろう。ただし、真の意味での成功は、そうして立ち上がった6次産業化事業体が持続的に発展し、地域の活性化と関係者の収益改善に寄与することと考える。

　なお、支援終了案件のうち熊本県阿蘇市の株式会社プログレアは、2016年4月の熊本地震により、事業継続が困難になったことに伴う会社清算である。

　農林漁業の分野を成長産業化するためには、民間企業の参入が欠かせ

3.3 A-FIVE の動き、民間金融機関のシェア拡大

図表 3-12　A-FIVE の 6 次産業化事業体における支援終了の状況

6次産業化事業体の名称	所在地	サブファンド	出資決定時期	出資決定金額（百万円）	売却など公表日	支援終了方法	主な事業内容
株式会社 OcciGabi Winery	北海道余市郡余市町	北洋6次産業化応援ファンド投資事業有限責任組合	2013年9月	121.9	2017年4月	（株式は株主に売却）	余市町のワイン用ぶどうと地場食材を使ったワイン製造、飲食店の運営、売店など
株式会社 熊本玄米研究所	熊本県菊池郡大津町	肥後6次産業化投資事業有限責任組合	2014年3月	130	2017年8月	（株式は株主に売却）	玄米ペーストによる製パン・製麺加工、販売、卸売（学校給食・病院向け）
株式会社 神明アグリイノベーション	東京都中央区	SMBC6次産業化ファンド投資事業有限責任組合	2014年5月	10	2015年3月	株主へ売却	業務用の米需要に応じたマーケットイン型の生産・販売
株式会社 ひこま豚	北海道茅部郡森町	北洋6次産業化応援ファンド投資事業有限責任組合	2014年5月	3	2016年11月	株主へ売却	独自ブランドによる飲食店の出店、直売所・通販での直接販売、外食事業者などへの卸売
株式会社 フレッシュベジ加工	長野県長野市	信州アグリイノベーションファンド投資事業有限責任組合	2014年5月	45	2017年3月	第三者へ売却	産地リレー体制構築による業務用や消費者向けカット野菜の製造・販売、青果品の販売
株式会社 アグリゲート東北	山形県西村山郡河北町	東北6次産業化ブリッジ投資事業有限責任組合	2014年8月	6.9	2017年2月	株主へ売却	実績あるパートナーの販路・ノウハウを活用した果物のギフトマーケットや輸出などでの販売
株式会社 アグリンクエブリィ広島	広島県福山市	ひろしま農林漁業成長支援投資事業有限責任組合	2014年9月	40	2017年4月	（株式は株主に売却）	パートナーの販売ノウハウを活用した農産物の販売
里山アグリ株式会社	岡山県倉敷市	トマト6次産業化応援投資事業有限責任組合	2014年12月	10	2017年3月	株主へ売却	地場食材を原材料とした古民家レストランの運営、加工品の開発・販売
株式会社 シイカトウ	宮崎県小林市	みやぎん6次産業化投資事業有限責任組合	2015年4月	39	－	－	茶・大麦若葉などの加工、パートナーのノウハウを活用した販売
株式会社 JFA	鹿児島県出水郡長島町	農林水産業投資事業有限責任組合	2015年10月	35	－	－	水産物を用いた観光客向け外食店の運営、加工品の開発・仕入れ販売
株式会社 プログレア	熊本県阿蘇市	NCB九州6次化応援投資事業有限責任組合	2016年1月	125	2016年11月	会社清算	地域の農畜産物を活用した高級オーベルジュの運営、加工品の開発・販売
株式会社 隠岐牛	島根県隠岐郡海士町	ごうぎん農林漁業応援ファンド投資事業有限責任組合	2016年4月	50	2017年1月	株主へ売却	地元産高級ブランド牛や海産物を活用した飲食店の運営

(注)　支援終了方法のうち（ ）に入っているものは、執筆時点でより詳細な情報が公表されていないもの。「－」となっている欄は、執筆時点で情報が公表されていないもの。出資決定時期順。
(出所)　A-FIVE「出資決定済6次産業化事業体一覧」、「農林漁業成長産業化ファンド―サブファンドの状況―」、官民ファンドの活用推進に関する関係閣僚会議幹事会「官民ファンドの運営に係るガイドラインによる検証報告」より大和総研作成

図表3-13　A-FIVEの都道府県別投資先事業体数および出資決定金額

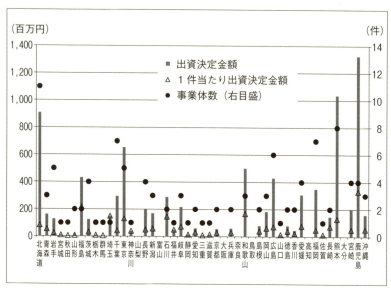

(注1) 2017年10月13日現在。
(注2) 出資決定金額の50%をA-FIVEが出資（単独投資案件除く）。
(注3) すでに支援終了したものも掲載。事業の進捗に応じて段階的に出資するものについては上限額で計算。そのため、A-FIVE「農林漁業成長産業化ファンド—サブファンドの状況—」の掲載数値とは一部異なる。
(注3) 事業体の所在地について、A-FIVE「農林漁業成長産業化ファンド—サブファンドの状況—」と「出資決定済6次産業化事業体一覧」で記載が異なる場合は、後者に基づいている。
(出所) A-FIVE「出資決定済6次産業化事業体一覧」より大和総研作成

ないと考えるが、A-FIVEは農林水産物を素材として使っている食品会社が出資者に名を連ねており、民間企業の事業化力の活用に期待が持てる。ただし、A-FIVEには農林中金が出資者に名を連ねているものの、農業生産者そのものは参加していない。現時点では大規模な農業生産者が存在していないので仕方ないであろうが、A-FIVEそのものに出資できるような大規模な農業生産者が育つことが望まれる。

A-FIVEは農業生産そのものを直接支援するものではないが、6次産

3.3 A-FIVEの動き、民間金融機関のシェア拡大

業化事業体を立ち上げ、事業を軌道に乗せることを支援するものである。その6次産業化事業体は、関係する農業生産者の生産物を活用することが事業目的の一つで、農業生産者が収入を確保しやすい環境を整備することになる。つまり、A-FIVEは6次産業化事業体への支援を通じて、農業の活性化や企業化推進などに資すると言える。その際、地元金融機関などと共同で設立しているサブファンドという仕組みが、地元金融機関が今後も農業金融に取り組むためのノウハウの蓄積の場となることも期待される。

A-FIVE の都道府県別投資先事業体数および出資決定金額を見ると、出資先事業体数は北海道が11社と一番多く、次いで熊本が8社、千葉と福岡が7社と続いている（**図表3－13**）。出資金額は鹿児島が最も多く、次いで熊本、北海道、東京となっている。鹿児島は、1件当たりの額が大きい畜産関係の事業体の出資金額が全体の金額を押し上げている。東京は輸出関連の事業体の出資金額が大きい。

一方、山梨、富山、大阪、奈良、鳥取、高知、大分では出資決定に至った6次産業化事業体は、2017年10月13日現在ではゼロとなっている。これらは、図表3－9で示した農業経営改善関係資金の貸出額でも周辺県に比べて相対的に金額が少ない県である。農業にあまり注力していないのか、農業に関して資金調達する習慣があまりないのか、あるいはそれ以外の要因があるのかは不明だが、興味深い符合である。

民間金融機関への期待と現状

3.2節で触れたように、日本公庫やJAバンクに比べれば、民間金融機関の貸出金残高のシェアは低いものの、金額もシェアも増加しつつある。

農林水産省は、農業の成長産業化に向けた次代の担い手の確保・育成

のためには、民間金融機関から農業者への資金供給が促進されることが重要との認識を持っている。その取り組みの一環として、財務省と連携して民間金融機関を対象に、農業融資や経営支援に関するノウハウなどを提供するためのセミナーを2017年2月から順次開催している。
　「未来投資戦略2017」でも

> ・農業ビジネスについて、民間金融機関からの資金調達に際して信用保証制度が幅広く利用可能となるよう、保証制度を見直す。

と、民間金融機関が農業融資を手掛けやすくなるような施策を明記している（「生産現場の強化」の「経営体の育成・確保のための環境整備」という項目）。
　一方、すでに農業金融に積極的に取り組んでいる一部の民間金融機関では、農業者の経営ノウハウ獲得やサプライチェーン構築などを支援して、組織的な経営、農業の企業化を後押ししている。こうした後押しが、農林水産省を含む農業関係者から民間金融機関に期待されている役割と言えよう。

　現状、特にコメや野菜などを中心とする小規模家族経営の農業者の場合、従来通りの生産を継続するのであれば、新たな資金需要は生じ難いであろう。生産の規模拡大を図る、機械化を一層進める、などの際に新たな資金需要が生じ得るが、既存の農業者の機械化は一定程度の水準に達している。農業生産の規模拡大については、やはり組織化された大規模な経営を志向しないと規模拡大にも限界がある。
　農業は天候に左右されやすく、特にコメは収穫期が年1回である地域が多い。小規模家族経営の農業者、特にコメ生産者などを想定するのであれば、民間金融機関が農業融資に新規に取り組むメリットは少ないかもしれない。なお、小規模家族経営でも畜産などは装置産業の側面があり、相対的に規模拡大に動きやすく、担保設定も可能である。

農業は地域に根差す存在であり、特に農村を多く抱えるような地域では、農業の活性化が地域の活性化と密接に関連する。そうした地域を基盤とするような民間金融機関の場合は、農業と周辺産業（食品業のみならず、建築業や観光業などを含む）を一体的に捉えて農業融資に積極的に取り組むことによって、金融機関自身の持続性向上にも資することとなろう。

民間金融機関の当面の狙い目

農業の企業化などが進展すれば、農業生産の規模拡大、機械化などの一層の推進による資金需要に加え、販路拡大、システム投資や運転資金などの資金需要も見込まれよう。それにはある程度の規模が必要となる。

図表3-14にあるように農業経営体は全体で減少しているが、3,000万円以上の農産物販売額がある経営体は増加している。中でも、数は少ないものの1億円以上の販売がある経営体は増加基調にあり、さらに図表3-14には掲載していないが3億円以上の販売がある経営体が2015年時点で約1,800ある。これらは民間金融機関の融資対象になり得る規模と言えるのではないだろうか。

農産物の分野としては、現状では畜産などに販売規模の大きな経営体が多い（**図表3-15**）。2016年で1億円以上の販売がある経営体は、単一経営では、その他（「花き・花木」、「その他の作物」、「養豚」、「養鶏」および「その他の畜産」）、酪農、肉用牛の順に多くなっている。民間金融機関が新規に農業金融に取り組もうとする際、まずはこうした分野の経営体を対象として投融資を実践し、農業分野での投融資に関するノウハウを蓄積していくのが良いのではないだろうか。将来的には他の分野でも企業化などが進展すると考えるのであれば、畜産以外にも対象を広げていくことが視野に入るであろう。

第3章 試される農業金融の変革

図表3-14 農産物販売金額規模別経営体数

(千経営体)

	経営体合計						うち組織経営体					
	1,000万円未満	1,000万～3,000万円未満	3,000万円以上	うち3000万～1億円未満	うち1億円以上	計	1,000万円未満	1,000万～3,000万円未満	3,000万円以上	うち3000万～1億円未満	うち1億円以上	計
2010年	1,546.1	99.9	33.1	27.5	5.6	1,679.1	18.4	4.8	7.8	4.5	3.3	31.0
2011年	1,484.6	98.4	34.6	－	－	1,617.6	18.3	5.2	8.0	－	－	31.5
2012年	1,433.1	96.6	34.2	－	－	1,563.9	18.1	5.1	8.0	－	－	31.2
2013年	1,382.1	97.7	34.3	－	－	1,514.1	17.9	5.4	8.4	－	－	31.7
2014年	1,338.8	97.0	35.4	－	－	1,471.2	18.0	5.7	8.4	5.0	3.4	32.1
2015年	1,251.7	90.2	35.3	28.8	6.5	1,377.3	17.7	6.1	9.3	5.2	4.0	33.0
2016年	1,186.2	95.3	36.9	29.6	7.3	1,318.4	16.8	6.8	10.4	5.8	4.6	34.0
2017年	1,122.9	95.5	39.6	31.7	7.9	1,258.0	17.0	7.0	10.9	6.1	4.8	34.9

(注) 各年2月1日。「販売なし」を含む。
(出所) 農林水産省「農林業センサス」、「農業構造動態調査」より大和総研作成

図表3-15 農業経営組織別農産物販売金額規模別経営体数

(千経営体)

		2014年			2015年				2016年			
		3,000万円未満	3,000万円以上	計	3,000万円未満	3,000万円以上	うち1億円以上	計	3,000万円未満	3,000万円以上	うち1億円以上	計
単一経営	稲作	687.8	2.7	690.5	624.9	1.7	0.1	626.6	602.1	2.1	0.1	604.1
	畑作	44.6	1.1	45.7	42.8	0.8	0.1	43.5	40.2	0.9	0.1	41.1
	露地野菜	76.0	2.2	78.2	74.5	2.7	0.2	77.3	74.1	2.5	0.3	76.6
	施設野菜	43.8	2.1	45.9	39.6	2.7	0.3	42.2	41.9	3.6	0.4	45.5
	果樹類	123.5	0.6	124.1	123.0	0.6	0.1	123.6	120.4	0.6	0.1	121.0
	酪農	7.3	7.8	15.1	6.4	7.4	1.1	13.8	6.4	7.6	1.3	14.0
	肉用牛	20.6	3.2	23.8	20.0	3.2	1.2	23.3	20.6	3.5	1.2	24.1
	その他	35.7	7.5	43.2	32.6	7.5	2.8	40.1	33.2	7.5	3.1	40.7
複合経営		264.4	8.2	272.6	246.0	8.8	0.7	254.8	236.8	8.6	0.7	245.4
合計		1,435.8	35.4	1,471.2	1,341.9	35.3	6.5	1,377.3	1,281.5	36.9	7.3	1,318.4

(注1) 各年2月1日。「販売なし」を含む。
(注2) 「畑作」は「麦類作」、「雑穀・いも類・豆類」および「工芸農作物」。
(注3) 「その他」は、「花き・花木」、「その他の作物」、「養豚」、「養鶏」および「その他の畜産」。
(出所) 農林水産省「農林業センサス」、「農業構造動態調査」より大和総研作成

農業金融の役割分担

　農業融資に関わる金融機関をJAバンク、日本公庫、民間金融機関に大別して考えると、小規模農業者への貸出はJAバンク（特に単協）と日本公庫が中心であると推測される。相対的に組織化された大規模な農業者への貸出は民間金融機関と日本公庫と推測される。つまり日本公庫は小規模、大規模共に手掛けている（図表3-16）。

　今後のわが国の農業経営の中心は企業的経営を行う組織経営体が主力となると想定され、組織経営体向け融資が焦点になると考えられる。そのような状況下、JAバンク、民間金融機関、日本公庫が役割分担する形で、わが国の農業の活性化を金融面から後押しするのが望ましい。

　JAバンクは協同組合であり、組合員が融資対象の主力であり続けるであろうが、組合員の組織化や組織経営体を組合員とする取り組みを推進することも考えられる。次節で述べるような農林中金が前面に出てくるような組織改革が行われる場合、機関投資家でもある農林中金自体は、大規模な資金を効率的に運用する観点から企業化した農業経営者を対象とする誘因が強まるであろう。そうした中で、各地で小規模経営を継続する組合員に対しては、引き続き単位農協がきめ細やかな対応をしていくことが望まれる。

　一方、日本公庫は農業政策を金融面で実施する機関として、政府の農業の企業化促進方針に沿って、やはり企業化した農業経営者を主な対象としていくことも想定される。ただし、政策金融機関の「民業の補完」という立ち位置からすれば、民間金融機関やJAバンクとの役割分担を徹底し、セーフティネットとしての金融機能を充実させることが望ましい方向性であろう。

　農業分野での融資経験が多くない民間金融機関が新規に農業融資に取り組もうとする場合、JAバンクや日本公庫、すでに取り組みを進めて

第3章 試される農業金融の変革

図表3-16 日本公庫の借入主体別農業向け単年度貸付
（上図：金額、下図：件数）

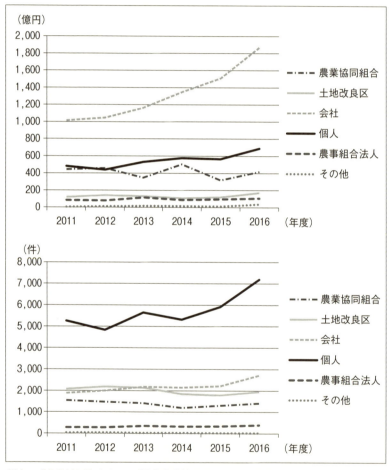

（注） 「農業協同組合」は、「単位農業協同組合」、「農業協同組合連合会」、「厚生農業協同組合連合会」の合計。「会社」は「株式会社」、「その他の会社」の合計。「その他」は、「中小企業等協同組合等」、「任意組合」、「都道府県」、「市町村等」、「その他の社団・財団」の合計。
（出所） 日本政策金融公庫農林水産事業「業務統計年報」より大和総研作成

3.3 A-FIVE の動き、民間金融機関のシェア拡大

いる一部の民間金融機関との連携から始めても良いと考えられる。

　JA バンクや日本公庫と比較した場合の民間金融機関の強みは、既存取引を通じた他の産業とのネットワークなどが挙げられる。農業の企業化の進展により農産物の生産量、取引量の拡大を図っていくことになれば、農業の周辺産業のみならずさまざまな産業との結びつきが農業経営に求められることとなるであろう。

　例えば、第 2 章で挙げたような観光業や建設業と規模拡大を図る農業者を結びつけることが考えられる。あるいは IT 分野などの先端技術企業と近代的な経営を発展させたい農業者を結びつけることも考えられる。この場合、農業者が先端技術を活用してみたい場合だけでなく、IT 分野などの企業側が農業の現場で先端技術を実践してみたいニーズもあると思われる。

　民間金融機関は、そうしたネットワーク形成を支援することを通じて、農業との取引拡大を実現できると考える。

3.4 変わりゆくJA

農協改革、集中推進期間

「『日本再興戦略』改訂2014」では、「地域の農協が主役となり、創意工夫を発揮して、農業の成長産業化に全力を挙げることができるように、今後、5年間を農協改革集中推進期間と位置付けて自己改革を促す」としており（同年版の「規制改革実施計画」も同様の表現をしている）、自己改革が円滑に進むことを目的の一つとした「農業協同組合法等の一部を改正する等の法律」が2015年に成立した（主な内容は2.1節）。

「代表・調整・指導事業」を受け持つJA全中については、特別認可法人から一般社団法人に移行することとなっており、2019年9月末までの移行期間が設けられている。また、「経済事業」を担うJA全農については、安く農業資材を仕入れられるようにし、高く農産物を売れるようにすることで、農業者の手取り収入を増加させるような体制の構築が求められている（2.1節、JAグループの組織図については図表2-3）。

農協の信用事業に関する議論

信用事業については、関連するリスクや事務負担を軽減する事業方式を推進する旨が、2014年の「日本再興戦略」および「規制改革実施計画」で記されている。リスクや事務負担の軽減について、法的には「農林中央金庫及び特定農水産業協同組合等による信用事業の再編及び強化に関する法律」（通称：JAバンク法）に事業方式が規定されている。しかし、農林中金、JA信連などによるリスクや事務負担を軽減する事業方式への取り組みが十分ではないと政府の農協改革派には認識されており、よ

り一層の努力を求めている。

　なお、2014年版の「規制改革実施計画」などでは、農林中金などについて、農協出資の株式会社に転換することを可能とする方向で検討との記述があったが、少なくとも2015年の法改正には含まれなかった。

　しかし、信用事業の取り扱いに関する議論は継続している。引き続き単位農協が信用事業を継続するのか、あるいは単位農協から切り離して農林中金やJA信連に統合するのかが焦点となっている。JAが農業者の所得向上に注力するために、単位農協が実施している信用事業（各種金融サービス）は農林中金など広域組織に任せて、単位農協は経済事業（農畜産物の販売、生産資材の購買・供給など）などに専念するべきという考えを、政府・与党の農協改革推進派は持っていると推測される[14]。

　一方、各種報道や農協関係の寄稿記事などから推測すると、単位農協側は、信用事業があるから運営が成り立つ、あるいは経済事業などを円滑に進めるためにも信用事業を一体的に運営している方が望ましい、といった認識を持っていると思われる。

　また、政府・与党の農協改革推進派が主張する経済事業などの強化には、単位農協側も大筋の異論はないが、それと信用事業の譲渡とは別問題であるという認識もあろう。単位農協の経常損益の状況をみると、信用事業を分離することに抵抗感があることもうなずける。

　単位農協の経常利益は、全体としては増加基調である（**図表3-17**）。部門別内訳を見ると、2005年度時点では共済事業の経常黒字額が一番多く、次いで信用事業で、経済事業など（農業関連事業、生活その他事業、営農指導事業の合計）は経常赤字であった。その後、共済事業の経

14　政府の農林水産業・地域の活力創造本部「農林水産業・地域の活力創造プラン」（平成28年11月29日改訂）では、「農林中金・信連・全共連の協力を得て、単位農協の経営における金融事業の負担やリスクを極力軽くし、人的資源等を経済事業にシフトできるようにする」としている。

常黒字が減少基調となった一方で、信用事業の経常黒字は増加基調で推移している。経済事業などの経常赤字はやや縮小しつつあるものの、図表3-17で示した期間では一度も経常黒字になっていない。

つまり、経済事業などの赤字を信用事業、共済事業の黒字で補って、全体として黒字となっているのがこの間の単位農協の収益構造と言える。ただし、この数値は全国の単位農協全体の集計値であり、個別の単位農協で見れば経済事業などでも黒字を確保しているところもある。2014年度の経済事業などが黒字の農協の数は、全国では全体の約2割を占める（**図表3-18**）。なお、北海道は相対的に大規模経営が多い影響なのか、経済事業などが黒字の農協の数は6割を超えている。

ただし、農林中金が単位農協に金融事業の分離、再編、現状維持のいずれを選ぶかを2019年5月までに回答するように求めているとの報道

図表3-17　単位農協の部門別経常損益

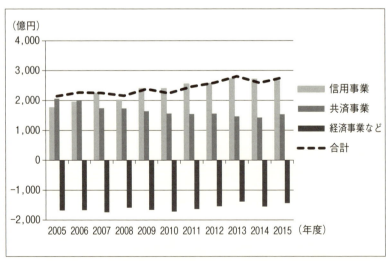

（注）　経済事業などは、農業関連事業、生活その他事業および営農指導事業の合計。
（出所）農林水産省「農業協同組合及び同連合会一斉調査」より大和総研作成

図表 3-18　各部門別損益の黒字農協と赤字農協の数（平成 26 事業年度）

		信用		共済		経済		全体	
			構成比		構成比		構成比		構成比
全国	黒字	675	97.5%	679	99.3%	137	19.8%	676	97.7%
	赤字	17	2.5%	5	0.7%	555	80.2%	16	2.3%
	計	692	100.0%	684	100.0%	692	100.0%	692	100.0%
北海道	黒字	107	97.3%	109	99.1%	68	61.8%	108	98.2%
	赤字	3	2.7%	1	0.9%	42	38.2%	2	1.8%
	計	110	100.0%	110	100.0%	110	100.0%	110	100.0%

（出所）農林水産省「農協について」（平成 28 年 11 月）より大和総研作成

もあり、いずれにしても数年のうちに何らかの方向性が固まるであろう。単位農協における信用事業の取り扱いは、今後の農協のあり方に大きく影響を及ぼすと予想され、農業の組織化・企業化などの方向性や推進力にも関係してくると考えられる。

コラム　政府と農協の攻防

　本文でも述べたように、2015年のJA法改正は、閣議決定された「規制改革実施計画」に沿った内容となっている。
　大きく改革を進めたい場合、改革のために首相直轄などの会議を設立して原則論的な議論を展開し、最終的には関係者との落としどころを探りつつ、改革を進めるという手法が取られることがある。今回の農業分野の改革は、与党である自由民主党の農林部会が関係者との調整をしつつ、政府の規制改革推進会議の農業ワーキング・グループがやや過激な見解を公表する形で議論を進めた感がある。

　2016年11月11日に公表された規制改革推進会議の農業ワーキング・グループの「農協改革に関する意見」では、「攻めの農業」の実現のための農協の改革の方向性を打ち出している。取り組むべき事項としては、

①生産資材調達機能
②輸出を含めた農産物販売機能
③これらの機能を最大限発揮させるための組織の在り方

を挙げている。
　①について、「真に、農業者の立場から、共同購入の窓口に徹する組織に転換する」ことを求めており、生産資材購買事業に関して1年以内の組織転換、人材の農産物販売事業の強化への充当などを挙げている。
　②については、「農業者のために、実需者・消費者へ農産物を直接販売することを基本」とすることを求めており、1年以内に委託販売の廃止、全量を買取販売に転換すべきとしている（農業者が負っている販売リスクをJAが全面的に担うことを求めている）。
　③については、①、②を進めるための意識改革や組織体制整備を求めているが、JA全農自らの改革が進まない場合は、「真に農業者のためになる新組織（本意見に基づく機能を担う「第二全農」等）の設立の推進など」も検討すべきとしている。
　また、③に関連して、

④地域農協の信用事業の負担軽減等として、「自らの名義で信用事業を営む地域農協を、3年後を目途に半減させるべき」

としている。

　自由民主党の農林部会では組織転換等の期限は定めないなどの議論もあったが、従来の政府・与党とJAの関係から考えれば、かなり踏み込んだ過激な意見が公表されたと言えよう。

　2017年の「農業競争力強化支援法」を含め、その後の政府・与党の議論は、農業ワーキング・グループの意見に比べれば、マイルドなものとなっていると考えるが、JA全中やJA全農が自らの改革を進める刺激となったと思われる。

第4章

成功する"企業化する農業"を見極める

4.1 経営の近代化と金融の関係

これまで述べてきたように、わが国の農業生産分野では小規模家族経営が中心となってきた。そうした観点とは別に、わが国では兼業農家が多数を占め[15]、中でも農業所得を従とする「第2種兼業農家」が最も多い（**図表4-1**）。第2種兼業農家では、必ずしも農業生産だけで儲かる必要もなかったであろう。

こうした状況では、農業を経営するという感覚、まして近代的な経営を導入するというインセンティブの低かった農業生産者が多数派であったと考えられる。つまり、規模拡大などにより農業収入を大幅に増加さ

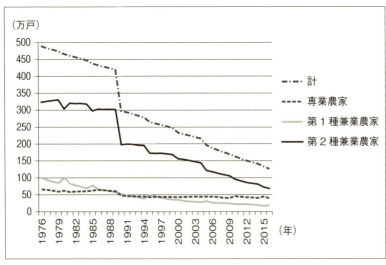

図表4-1　専業、兼業別農家数

（注1）各年2月1日現在。
（注2）1990年以前は総農家数、1991年以降は販売農家数。
（出所）農林水産省「農業構造動態調査」、「農林業センサス」より大和総研作成

せようという農業生産者は少数派であり、したがって農業金融に対するニーズが増加する機会も乏しかったと言える。

しかし、現状の基幹的農業従事者の高齢化のさらなる進展、そして後継者難を考えれば、農業は小規模家族経営から転換していかなければ、十数年後のわが国の農業生産は絶えてしまいかねない。幸いすでに農業生産の大規模化、組織化、企業的経営を標榜する農業生産者が増えつつある。また、一般企業の農業参入も増加してきている。（**図表 4 - 2**）

そうした動きに呼応して、地域金融機関などでも農業生産の経営の近代化をバックアップする動きが生じている。

いち早く積極的に取り組んだ例として、鹿児島銀行のアグリクラスター構想などが挙げられる。同行のウェブサイトでは、「平成 15 年から地域の産業特性を活かし、南九州の基幹産業である『農業』を基点に、派生する関連産業まで含めた商流に係る産業群（『アグリクラスター』）の活性化に向けた取組みをおこなっております」として、資金調達（ファイナンスサポート）と 6 次産業化支援を挙げている。前者では日本政策金融公庫（日本公庫）と連携し、後者では株式会社農林漁業成長産業化支援機構（A-FIVE）と共同でファンドを設立しているとのことである。

いままで農業との関わりが多くなかったような民間金融機関は農業生産そのものには詳しくないかもしれないが、零細企業や中小企業などの成長に伴う経営の近代化を支援した経験を多く持っているのではないだろうか。また、取引先の販路拡大、多角化、事業再生などを支援したり、取引先のネットワークを活用した新たな企業結合などを提案・実現した

---

15 農林水産省の統計では、「農家」は、経営耕地面積が 10a 以上または農産物販売金額が 15 万円以上の世帯。「販売農家」は、経営耕地面積が 30a 以上または農産物販売金額が 50 万円以上の農家。「専業農家」は、世帯員の中に兼業従事者が 1 人もいない農家。「兼業農家」は、世帯員の中に兼業従事者が 1 人以上いる農家。「第 1 種兼業農家」は、農業所得を主とする兼業農家。「第 2 種兼業農家」は、農業所得を従とする兼業農家。

第4章 成功する"企業化する農業"を見極める

図表 4-2 一般法人の農業参入の動向

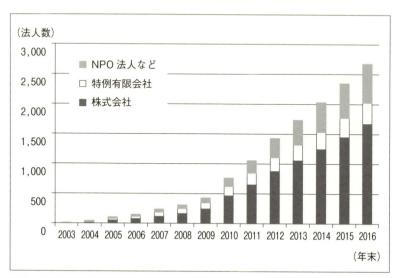

（注）「特例有限会社」は、2006年の会社法施行以前に有限会社であって、同法施行後もなお基本的には従前によるものとされる株式会社。
（出所）農林水産省「一般企業の農業への参入状況（平成28年12月末）」より大和総研作成

こともあるであろう。

　企業化しようとする農業生産者に、民間金融機関が持つ、こうした経験を適用していくことによって、わが国農業における経営の近代化と農業の成長産業への道が開けることにつながり、そのことが民間金融機関にとっての新たな収益機会の創出にもつながると考える。

4.2 農業と金融の相乗効果、望ましい生産戦略

農業の経済機能

さて、ここで"そもそも論"的な話を述べようと思う。農業の経済機能、金融の経済機能、経済機能の観点から望まれる農業と金融の関係、について以下で述べる。

農業の経済機能の根本は、人々の生命維持のための基盤を提供すること、すなわち人々が健康に働き、豊かに消費し続けられるような栄養のバランスを確保できる食料の生産である。人々が存在しなければあらゆる経済活動は生じないのであり、そうした意味で農業は経済の基盤である。

しかし、GDPで見た近年の農業の比率、つまり金額ベースでの農業の存在感は1%ほどである。就業者数は3%ほどなので、GDPベースで見た農業の生産性は相対的に他産業より低いとも言え、生産性向上の余地があると見ることもできる。なお、農業が低迷していると言われているわが国のみならず、農業のGDPに占める比率は先進国では概ね低い。

いずれにしても、農業は生物学的な基盤であるが、金額的には存在感が小さい。GDPの比率と就業者数の比率が同程度であれば、農業のGDPベースでの生産性（= GDP／就業者数）は第2次産業、第3次産業と遜色ないと言っても良いかもしれないが、現状はそうはなってない。一方、GDPベースでの生産性を高くするには、価格を上げるという手法もあり得るわけだが、生命維持の基盤である農産物があまり高くなっても困る話ではある。

あらゆる経済活動は物理的な空間利用がゼロということはない。SFやアニメで描かれている世界が実現した場合は別にして、人間が一切介

在しない自律的な生産物は今のところ存在しない（例えば、サイバー空間上のどのようなプログラムでも最初期には人間が作成し、少なくともその人間とインターフェース、通信経路、ストレージの分だけの物理的な空間利用が生じている）。

　農業の生産活動は土地利用が基本であり、わが国の場合は日常的な生活空間の1／3ほどの面積が農用地である。つまり、経済機能の空間的側面から考えれば、農業の存在感は大きく、国土構造や地域の経済構造のあり方の将来像を考える際、農業を抜きにしては語れない。2.2節で述べたように、わが国の土地利用には農業が組み込まれており、防災や保水などの機能維持にも重要な役割を果たしている。

　つまり、生物学的にも空間的にも経済的にも、農業は欠かせない存在である。

金融の経済機能

　続いて、金融の経済機能の話をしたい。金融の経済機能の基本は、資金仲介と資金配分機能である。また、そうした活動に必要となる情報生産機能も、金融の重要な機能である。それらを通じて最適資源配分が実現されるのが最も望ましいが、情報の非対称性などの「市場の失敗」や配分の非効率性などの「政府の失敗」が存在するため、最適資源配分の実現はなかなか難しい。

　資金余剰主体から資金不足主体へと資金を仲介する、その際にさまざまな個別案件の条件に基づいて、多様な資金不足主体に資金配分を実施するのが金融のマクロ的機能である。

　ミクロとしては、個々の金融主体は貸したり投資したりした資金がどの程度の収益、すなわちリターンを生む可能性があるかを推測する。同時にそのリターンの達成確率、貸した資金が完済されない可能性、投資した資金が無駄になる可能性など、すなわちリスクを計算する。そう

やって分析したリスクとリターンを踏まえて個別案件の融資や投資を決定する。個々の金融主体はそうして決定したリスクとリターンのさまざまな個別案件の組み合わせの選択を通じて、個々の金融主体の全体としてのリスクとリターンをコントロールし、自身にとって費用対効果が最大となる資金配分を目指すこととなる。

合成の誤謬の問題は存在するが、ミクロの主体が最適資源配分を追求した結果、マクロの最適資源配分が実現する姿が、市場経済の理想形であろう。

「市場の失敗」と「政府の失敗」

ここで少し寄り道になるが、「市場の失敗」と「政府の失敗」について、若干解説しておきたい。市場と政府の関係を考える場合に基礎となる考え方の一つであり、本書のテーマである農業政策や農業金融を考える上でも重要である。

経済活動に政府が介入することが正当化されるのは「市場の失敗」が存在する場合である。

「市場の失敗」としては、

①不完全競争
　市場での競争が不十分な場合、価格が吊り上げられ、資源配分が非効率的になる。
②情報の非対称性
　情報が取引者間で異なる場合、取引が十分行われず、非効率的になる。
③外部性
　サービスの恩恵を適正な対価を支払うことなく受ける場合、取

> 引が非効率的となる。
> ④規模の経済性
> 　生産規模の拡大により費用が小さくなる場合、市場では効率的な生産が行われない。
> ⑤不公平性
> 　市場では、持てる者は富み、持たざる者は貧困に苦しむという不公平性が生じる。

が挙げられる。

　ただし、前記は経済学的視点からの話であり、政治的（含む軍事的）あるいは宗教的観点などの国策により、政府が経済活動に介入することはしばしば起こる。市場経済は、経済的価値最大化を実現するための効率的な資源配分には威力を発揮するが、人間の幸福感や安心感を保証するものではない。

　一方、介入を実施する政府自体は万能ではなく、「政府の失敗」が発生しうる。

　「政府の失敗」としては、

> ①配分の非効率性
> 　政治の関与により、社会的に見ると非効率的な事業が開始・継続される。
> ②配分の不公平性
> 　政治の関与により、特定集団に利益が与えられるような事業が行われる。
> ③経営の非効率性
> 　政府による補助や救済を期待した非効率的な経営が行われる。

が挙げられる。

　経済の成熟化、金融市場の安定化に寄与する制度整備、金融技術の進

歩などにより「市場の失敗」が相対的に小さくなる一方で、社会経済環境変化への対応スピードなどにより「政府の失敗」の問題が相対的に大きくなっている。

「市場の失敗」が顕在化するとその対策が取られるため、経験の蓄積は「市場の失敗」の低下に寄与する。一方、政府自体は経済的には外生的存在であり、継続性・安定性なども政府の重要な機能の一つであることもあり、「政府の失敗」への対応速度は相対的に遅くなる傾向があると考えられる。

経済機能の観点から望まれる、農業と金融の関係

話を戻すと、前述の農業と金融のそれぞれの経済機能を踏まえて、わが国の現状と将来の展望に照らし、経済機能の観点から望まれる農業と金融の関係を考えたい。

人々の生命維持に必要な農産物を生産することが農業の根本的な経済機能であるが、個々の農業生産者は、土地や労働力、地勢や気候、習慣や費用など、さまざまな要素を基に農産物の種類と生産量を決める。その生産計画を踏まえて、必要であれば借入れをはじめとする資金調達を実施している。

個々の金融機関は、収益最大化を図るため、リスクとリターンを見極めながら投融資活動を実施している。農業に関しては、農産物の種類、生産量、風土などの農業の生産側にさまざまな要素があり、また消費者の嗜好、小売店や外食産業の戦略など、農業の需要側にもさまざまな要素がある。これらは、理屈としてはリスク分散を図る土台となり得る。また、販売方法なども含めた農産物などの選択の組み合わせはさまざまなリターン特性の設計を可能にする。

つまり、産業としての農業は、さまざまなリスク・リターンプロファ

イル(リスク・リターンの組み合わせ)を創出する可能性を持っており、金融はこうした視点で農業に関わることが可能である。

すなわち、農業生産や販売方法などの違いに着目して、そうした違いごとの期待されるリターンや予想されるリスクを分析する。その分析に応じて、農業生産者などに生産量や販売手法、必要な設備投資や販路開拓などを提案し、そのための投融資を実行する。

そうした分析や提案、投融資などを通じて、農業が産業として活性化することに金融的な手法は貢献し得るであろう。収益最大化を図ってさまざまなリスク・リターンプロファイルを設計するという観点で金融が農業に関わることにより、農業の望ましい生産戦略を実現していく方向が考えられる。

ただし現状では、農業に対する金融はJAバンクと日本公庫の貸出がメインであり、その内容も上記のような関わり方とは異なるものであったと言えよう。リスク・リターン分析を通じた投融資というよりは、小規模家族経営の農家の維持に貢献するように、そうした農家の要請に応えた融資メニューとなっていたかもしれない。そのこと自体は、当面の農業生産を維持することに貢献してきたと思われる。

前述のような形で金融が農業に関わっていくためには、金融機関側の意識変革と共に、農業の企業化をはじめとした農業生産者側の変革も必要である。

本書で述べてきたように、既に農業の大規模化、組織化、企業化に取り組む農業生産者は増えつつある。農業政策もそうした動きに対する支援を強化している。

民間金融機関にとっては、これらの動きは新たなビジネスチャンスが広がる可能性を持つものだが、さらに踏み込むべき課題がある。経済的リターンを如何に広げるかという課題である。経済的リターンがあまり見込めなければ、農業経営者は新たな設備投資に踏み切ることができないし、資金需要も生じない。資金需要が生じなければ、金融機関側がい

くら投融資メニューを充実させても利用されない。

農業の社会的リターンについては、これまで本書で述べてきたことを実現できれば達成されると思うが、さらに農業の経済的リターンの追求があってこそ、農業金融に出番がある。農業の大規模化、組織化、企業化を進めた上で、農業の経済的リターンを追求する姿勢とそのための仕組みの構築が必要である。それが、農業における経営の近代化であり、その下での販路拡大の取り組み、経営目的達成のためのガバナンスの構築などが、経済的リターン拡大を実現し得る（ガバナンスについては本章3節）。リターン実現のための経営戦略も重要である。

こうした経営の近代化推進にあたっては、農業生産だけに捉われず、6次産業化も含めた視点で捉えれば、農業金融のフィールドはかなり広がると思われる。

経営の近代化と耕作の脱近代化・超近代化

農業に金融を有効活用するためには、農業生産者側の変革が必要であるが、農業経営の近代化が求められていると言い換えても良い。

農業の耕作面での近代化は、圃場整備や灌漑排水事業などの農地の整備、機械化の推進、化学肥料の導入などによって、ある程度の域には達したと考えられる。しかし、経営面では、農業とは関係ない分野との兼業農家が多数派となってしまったことに象徴されるように、経営の近代化に注力していた層が多かったとは考えにくい状況である。

もちろん、農業経営の近代化を実現し、成果を上げている農業経営者も散見されるが、わが国の農業全体の動きとはなっていないのが現状であろう。「『日本再興戦略』改訂2014」、「規制改革実施計画」などに示された方向性を実現し、農業経営の近代化を進めてこそ、金融の有効活用も実現する。あるいは金融機関側からそうした動きを後押しすることも期待される。

第4章 成功する"企業化する農業"を見極める

　経営の近代化と共に、耕作については従来の「近代化」から、「脱近代化」と「超近代化」の方向性が考えられる。

　現代の「近代化」された耕作は、特に化学肥料の使用など、環境や生命の観点から持続可能であるかは疑わしい面もある。近代的な労務管理のもと、有機農業的な耕作を全面的に展開する「脱近代化」という手法が考えられる。

　さまざまな作物を同時に育てると、実が高いところになる果物、地面の下に実がなる根菜類、腰ぐらいの高さになる葉物など、作物の世話において身体をさまざまに動かすことにつながり、健康促進にもなり得る。さまざまな作物を育てる農作業者の担当範囲などの程度が適切かを観測・分析し、次回以降の生産計画に分析結果を反映させることで、必要投入人数や可能な作業範囲を決定できる。

　また、植える場所を順次変えていけば、連作障害の予防にもなる。連作障害は、同じ場所で同じ作物を続けて栽培（連作）すると、生産量が減少してくる現象である[16]。連作障害の予防には異なる科の野菜を順番に作っていくことなどが挙げられる。

　なお、水田は連作障害が起こらないことが経験的にわかっている。水の作用の影響で、土壌環境の偏りが防止されることによる。ついでながら玄米は完全食と言われることがある。一方、玄米には毒性があるとの研究もあり、玄米食そのものには賛否両論ある。ちなみに、コメが白いと書いて「粕（カス）」となるように、玄米に豊富に含まれている栄養素の抜け殻が白米であるとされる。

　やや脱線したが、連作障害が起こらないこと、栄養価が高いこと、長

---

[16] 連作障害の原因は、大別して土壌病害、線虫害、生理障害の三つとされる。同じ科の植物を同じ場所で植え続けると土壌の中の微生物の種類が偏り、特定の病原菌だけが増えていく土壌病害が発生しやすくなる。根に寄生する線虫には善玉、悪玉があり、連作するとそのバランスが崩れ線虫害が発生しやすくなる。野菜が必要とする栄養素は種類ごとに異なるが、連作すると特定の養分が過剰になったり不足したりして、生理障害が起きやすくなる。

期保存が効くこと、などがわが国でコメ栽培が重視されてきた理由の一部であろう。

　話を戻すと、そうしたさまざまな作物を総合的にかつ大規模に管理するには、やはり近代的な経営手法が求められる。脱近代と近代のコラボレーションが、大規模な形での有機農業的な耕作を実現可能なものとするであろう。

　一方、植物工場に象徴されるような「超近代化」を同時進行させても良いであろう。この場合は、地下空間や植物工場ビルなど、三次元的な展開も可能となる。それこそ数多の近未来SFなどで描かれてきた世界が実現しつつある。AIとセンサー、ロボット技術などがさらに進展・融合し、バイオ技術が加われば、人のいらない農業生産が実現するかもしれない。とすれば、もはや人々は食べるために働く必要はなくなるのかもしれない。そうなると、人は何をするのか。

　縄文時代の日本は食料が豊かで、1週間に3時間も労働すれば、必要な食料を確保できたという話がある。縄文土器が複雑な造形をしているのは、暇を持て余していたからかもしれない。縄文時代の真偽は別にして、耕作の超近代化が行きつくところまで行くと世界が変わる。かえって、手間のかかる手法を好む農業生産がはやるかもしれない。

　また、超近代化の方向は、農業と都市の関係にも大きな影響を及ぼす可能性がある。都市で大々的な農業生産が可能となれば、輸送システムや販売システムも変わる。

　話が大幅に逸れたが話を戻すと、耕作の脱近代化、超近代化のいずれの場合も、実現するためには経営の近代化が前提となろう。

地産地消とグローバル展開―販路拡大の工夫―

　地元で採れた食材を地元で消費する「地産地消」は、学校の給食など

でも取り入れられ、考え方としてはかなり定着してきていると言えよう。「身土不二」という面でも、「地産地消」は望ましいと考える。「身土不二」とは、住んでいる土地で各季節に採れたものを中心に食べるのが健康に一番良いという考えで、身体（身）と環境（土）は一体である（不二）との発想に基づくものである。

そうした健康面などの問題とは別に、「地産地消」は不合理な流通制度を改善する動きとしての側面も持っている。ある地域で生産したものを離れた地域で販売したり、同じ種類の農産物を他の地域から持ってきて販売するということが行われていた非効率を解消すれば、輸送費や販売手数料を節約でき、農業生産者の収入増加につながる可能性が増す。

さらに、前述したように鮮度の問題から他地域で提供するのは難しい食材もある。また、発酵食品などの一部の食べ方を除き、農産物は採れたてが一番美味しいのではないだろうか。そのような鮮度が重要な農産物は観光客を呼び込む素材の一つとして活用することが考えられる。

一方、保存が利く農産物は日本国内のみならず世界展開を目指し、戦略的なマーケティング活動を伴って、積極的に打って出ることが農業の活性化につながっていく。

このような販路拡大の工夫には、そのための専門人員を充てなければ難しい。生産部門と販売部門、それらを効果的に管理する部門などを構築する経営の近代化実現は、販路拡大のためにも必要である。

農業経営の全国化と地方化

日本列島は南北に長く、起伏に富んでいる。大半は温帯モンスーン気候に属し、比較的はっきりした四季に恵まれているが、沖縄地域は亜熱帯、北海道は亜寒帯とも言えるような傾向が見られる。

こうした日本列島を全体として眺めると、南北の気温差や土地の高低差（それに伴う気温差など）を利用して、同種の農産物を順々に栽培し

ていくことで、旬の短い農産物でも長期間市場に出荷することが可能になる。春先には桜前線の北上、中秋から晩秋にかけて紅葉前線の南下が話題となる日本列島という地の利を存分に活かす農業経営戦略である。

やや雑談になるが、旬の農産物の生産に合わせて、企業化された農業の従業員が移動していくのも楽しいかもしれない。旅芸人のような話かもしれないが、定住よりも流浪的な生き方が好きな人も世の中にはいるので、各地の拠点で定住する役職員と、東西南北に移動しつつ農作業や周辺業務を行う役職員を組み合わせた企業などは魅力的に思う人もいるであろう。おそらくそう思う人は多数派ではないので、移動する対象社員は少数になるだろうが、多様な職場があっても良いと個人的には思う。

また、各地域の特性に適した多様な種類の農産物を手掛けて、品揃えを増やす戦略なども考えられる。このような戦略を展開するのであれば、全国レベルで展開できる生産者であることが望ましい。あるいは各地域の生産者が提携しても良い。

一方、地元に特化して、地元の農業資源を徹底的に活用するといった戦略も考えられる。例えば、鮮度や日持ちの問題から地元で食することしかできない農産物があることは、テレビ番組などでも紹介されている。この場合、農業資源のみならず地元の金融機関や地方公共団体、農業関連産業などとの連携を深めて、地域一体となって盛り上げていくことが考えられる。2.3節で述べた農泊と観光の連携は、こういった視点からも有効な戦略であろう。

川勝平太氏は北海道・東北を「森の日本」、関東を「平野の日本」、中部を「山の日本」、近畿・中国・四国・九州を「海の日本」として（沖縄は「海の日本」を構成するか「島の日本」とする）、連邦国家制とすることを提案していたが（『敵を作る文明　和をなす文明』（PHP研究

所、2003年、安田喜憲氏と共著）など）、行政区をどうするかという話とは別に、このような区分けは日本の風土特性をよく表している。同様にわが国の伝統的な五畿七道などはより細やかに日本列島の気候や地勢、土地柄などを示している。

　農産物の生産戦略、販売戦略を構想する際、まずは上記のように大づかみに地域特性を捉え、それからさらに絞り込んでいくというやり方も考えられる。その構想を実現するには、やはり農業経営の企業化が求められよう。また、それぞれの地域の金融機関の地元に根差した情報生産活動が活かせる可能性がある。

　またまた脱線する話ではあるが、温暖化がさらに進めば、北海道がコメどころになるという見方もある。その場合、従来のコメどころはもう少し南で育てていた農作物に転換するという発想もありだろう。逆に氷河期に向かっているという説を唱える人もいるが、その場合は、以前よりも北で育てていた作物に転換しても良い。つまり、農業生産を全国的な視点で見る、すなわち全国化した大規模組織経営体であれば、気候変動にも対応する道がいくらでも考えられる。

　幸い日本列島はポールシフト[17]（極ジャンプ）などでない限り、亜寒帯から熱帯の範囲に収まると予想され、作物不毛の地となる可能性は極めて低いであろう。

　金融は本質的に情報生産、情報取引によって付加価値を生み出している産業であり、農業生産の全国化と地方化に伴うリスク分散やリターンの生成の計算によって、農業経営の持続可能性向上に貢献できるであろう。

17　惑星などの天体の自転に伴う極が、現在の位置から移動すること。自転軸のポールシフトと地磁気のポールシフトがある。科学的にも過去にこうしたシフトが起きたと観測されているが、原因について明確な説は存在しない。ポールシフトが起きると、その規模にもよるが、地表面での気候が大幅に変化すると考えられる。

これらの他にも、農業の活性化についていろいろと考えられると思うが、いずれの場合でも農業経営の近代化や大規模化、それらに伴う農業経営体内外の組織化が重要となる。つまりは「農業の企業化」ということである。企業化された農業が上記のような方向性を実現しようとする際、さまざまなリスク・リターンの組み合わせを通じて収益の最大化を図る金融の機能をこれまで以上に活用する素地が広がるであろう。

こうした動きを金融側からも後押しすることにより、農業金融の役割拡大、新たな収益源の創出の可能性がより高まると考える。

4.3 "企業化する農業"の見極め方　成功と失敗の可能性

さて、ここで「企業化する農業」のパターンごとの強み・弱みを考えてみたい。農業の企業化には、大雑把に以下のようなパターンが考えられる。

①家族経営 → 規模拡大企業化
②集落営農 → 組織化・法人化
③農業周辺企業（食品業、農機産業など）→ 農地所有適格法人
④一般企業 → 農地所有適格法人

まず、①の「家族経営 → 規模拡大企業化」であるが、強みとしては、家族の絆を中心に同族での団結がしやすいことが挙げられよう。家族経営から規模拡大していく場合、親戚や当該家族の仲の良い友人などから人員の拡大を図ると考えられる。どの程度まで規模拡大するかにもよるが、ある程度の規模を超えれば、同族や友人とは異なる人員も組織に迎えることとなる。そうした同族・友人以外の社員との軋轢の可能性をどう克服していくかが課題となろう。

こうした現象は、農業に限らず、通常の産業での家業から大規模化と同様のメリット・デメリットである。金融機関は、家業から一般企業へと発展してく際の企業統治や就業規則などへのアドバイスを通じて、①のパターンの農業の企業化を支援するのが望ましい。

②の「集落営農 → 組織化・法人化」については、村そのものが企業化することになるので、地元の農村地域との調整などがそもそも不要である点は大きなメリットである。一方、集落営農を行ってきたメンバーに、組織力を発揮できるような人材がいるか否かが大きな鍵となろう。これは、緩い共同経営体から統合組織化する場合と同様のメリット・デ

4.3 "企業化する農業"の見極め方 成功と失敗の可能性

メリットである。

　緩い共同経営体から統合組織化する場合には、そうした変化を望まずに脱退するメンバーが少なからず発生し得るが、そのような脱退者が過半を占めると企業化はおぼつかない。金融機関は、集落営農時の中心人物と密に協業しつつ、企業化に賛成し、かつ人々をまとめる人望・力量のある人物を見出すことが求められよう。もし、集落営農の既存メンバーにそういう人材がいない場合は、どこかからそういう人材をスカウトすることも考えることになるかもしれない。

　③の「農業周辺企業（食品業、農機産業など）→ 農地所有適格法人」では、農業資材などの調達手法や農産物の販路をある程度確立していることは、大規模化を進めるにあたって重要な強みである。一方、農業生産のノウハウを内部化できるかは大きな課題である。

　農業周辺産業が築いてきた農業生産者との関係の協力的な発展、あるいはその農業生産者自身を農地所有適格法人内の重要な構成員とすることが肝要である。

　④の「一般企業 → 農地所有適格法人」の場合、従来の農業にはない視点での生産や販売の取り組みが期待される。一方、生産ノウハウを内部化できるかは、③と同様に大きな課題である。

　また、いままであまり農業と関係なかった業種の企業の場合、農業の特性を経営管理に取り込めるかが大切な鍵である。この点は長期の視点で、地道に愚直に取り組んでいくことが求められるのではないだろうか。農業はすぐに結果が出る産業ではないので、数年単位で取り組む姿勢が必要である。それは、数年後に大きく花開くために必要な仕込み期間でもある。「一粒万倍」という言葉もあるが、農業生産そのものは多くの収穫が期待できる（金額的な収益につなげる話は別）。

　いずれにしても短期の成果を期待する企業は、農業生産への参入は避けた方が良いであろう。報道などで農業への参入が報じられた異業種企業では、既に撤退した事例もいくつかある。

第4章　成功する"企業化する農業"を見極める

　①〜④のいずれのパターンの場合でも金融機関側は資金の出し手として、近代化された農業経営体が経営目的達成に向けた合理的な運営を実施しているかを適時モニタリングすることが求められる。その際、必要に応じて、経営者へのアドバイスや適切な人材の斡旋なども実施すべきである。

　農業を組織的な経営体として運営するならばきちんとした決算書を作成することになる。創設当初は振るわない決算となる可能性が高いが、数値として把握しておくことが重要である。そうした決算などの具体的な数値を踏まえたPDCAサイクル[18]を回し、課題発見と対応策実施を続けていくことが、経済的リターンを高めるための常道であろう。

　こうした企業ガバナンス体制の構築を金融機関が手助けして、農業の経済的リターン向上を図ることが、金融機関自身のためにもなる。

18　Plan（計画）→ Do（実行）→ Check（評価）→ Action（改善）の4段階を繰り返すことにより、事業を継続的に改善する仕組み。

コラム 求められるのは、官民ファンドを見極める目

　近年、財政投融資の活用の一形態として、官民ファンドの設立が相次いでいる。
　本文でも触れた A-FIVE は、農業の 6 次産業化事業体を支援する目的で設立されており、直接的に農業に関係する。所管も農林水産省である。
　一方、経済産業省が所管する株式会社地域経済活性化支援機構（REVIC）、株式会社海外需要開拓支援機構（クールジャパン機構）も直接の目的は異なるものの、農業分野も視野に入ってくる。
　REVIC は、事業再生支援や、新事業・事業転換および地域活性化事業に対する支援により、健全な企業群の形成、雇用の確保・創出を通じた地域経済の活性化を図ることが目的である。地域活性化ということで、農村地域では農業関連企業などが対象となりうる。
　クールジャパン機構は、「日本の魅力」を産業化し、海外需要を獲得するため、リスクマネーの供給を中核とした支援を行い、将来的には民間部門だけで継続的に事業展開できるような基盤を整備することが目的である。この「日本の魅力」というのは幅広い解釈が可能であり、和食の海外への普及や日本食材の海外販売促進なども視野に入り、実際にそうした支援案件も手掛けている。
　支援メニューが多いこと自体は悪いことではないかもしれないが、利用者である農業関係者から見れば、どこに支援を依頼するべきか迷うかもしれない。納税者たる一般国民からすれば、効果的に財政資金が使われているのか気になるところである。
　同様のことは、日本公庫での農業金融商品群や農林水産省のさまざまなプランにも当てはまる。どうした支援メニューを選ぶのが効果的なのか、ワンストップでアドバイスしてくれる機能が求められよう。従来の日本公庫や農林水産省関係の支援メニューであれば、農業協同組合がそうした機能を果たしているであろう。新たな支援メニューをワンストップでアドバイスしてくれる機能を果たす機関としては、農協が有力と思われるが、民間金融機関が名乗りを上げても良いと思う。いずれにしても、新しく支援メニューを設定するだけでなく、現場が使いやすいことを第一に考えることが望ましい。

第5章

農業の"これから"

5.1 日本の農業の未来 ―産業としての農業と社会的役割―

"企業化する農業"は減反政策廃止を実のあるものとする

　第1章で触れたように、2018年産米から、政府によるコメの作付面積削減の割り当ては廃止されることとなっている。減反政策の廃止というように報道され、安倍晋三首相もそのように述べていたが、一般の人がイメージする意味での「廃止」とは異なるようである。

　農林水産省が引き続き全国の需給見通しを示し、関係者がそれに基づく生産を行えるようにすると説明されている。つまり、行政による直接的な割り当ては確かに廃止されるが、関係者による実質的な割り当ては継続すると予想され、実質的には減反政策が継続しているのと同様になるとの見解もある。そもそも農林水産省は「減反政策」という言葉ではなく、「米の生産調整」という言葉を使っており、2018年産米から「米の生産調整の見直し」をすると述べている。

　いずれにしても、生産の完全自由化という意味での減反政策廃止は、なかなか一筋縄に進まない気配である。しかし、農業が産業として魅力的なものとなるためには、前時代的なシステムは変えていかなければならない。

　2.1節でも触れたように、「『日本再興戦略』改訂2014」では、「昨年11月に米の生産調整の見直しを含む農政改革の方向を決定したところであるが、これを農業の担い手が将来への希望と安心感を持てる農政への大きな政策転換の第一歩」としている。ここで言う「農業の担い手」は、"企業化する農業"が中心となると本書では考えている。つまり、企業化する農業が希望と安心感を持てるための政策転換ということである。

　"企業化する農業"は自己の経営判断により生産品目や生産数量を決

定していくことが基本であり、行政による生産調整システムである減反政策の廃止は望ましい。一方で、"企業化する農業"こそが、そうしたシステムを変えていく原動力となると考える。

　減反政策は供給調整によってコメの価格維持を図ろうとするものであるが、これはコメ作を主体とする小規模家族経営の農業生産者の保護策とも言える。農業経営の大規模化、組織化、企業化が進展していくと、生産戦略や販売戦略の選択肢を広げることが可能になる。仮にそうならないのであれば、経営の仕方に課題があるので、経営改善を図るということになる。いずれにしても小規模家族経営の場合は、戦略の選択肢拡大には人数的な面を中心に制約があるであろう。

　企業化した農業経営の下でコメ作に特化しようという場合は、競争力のある品種を大量に生産する、コメの品種分散を図り多様な市場に対応する、海外も含めて複数の販路を確保する、などの手段により米価変動に強い経営を追求することが可能となろう。また、コメ以外の穀物や野菜、果樹などの生産、あるいは6次産業化の積極的な展開、などにより、減反政策に依存しなくても収益を確保できる体制を構築することも望めるだろう。

　つまり、企業化した農業経営の下では、経営者の判断により生産戦略を決定することになる。減反政策は上からの生産調整であり、意欲ある生産者にとっては不満が溜まる要素でもある。農地中間管理機構（農地集積バンク）がより機動的に活動するようになり、農地の貸し借りがスムーズに行えるような状況が生まれるとすれば、意欲ある生産者が農地を拡大してより積極的にコメ生産に乗り出すことも考えられる。

　近所に遊休農地があれば、そこを有効活用しようという動機もあるであろう。農地が有効活用されることは、食料・農業・農村基本法の目的に含まれる国土の保全、水源の涵養、自然環境の保全、良好な景観の形成などを実現することにもつながる。企業化した農業は、土地利用など

における農業の社会的機能にもプラスに働く可能性を持つ。

高齢化による引退、必要となる組織経営体への移行

　農業を主業としている「基幹的農業従事者」は2017年時点で151万人にまで減少し、65歳以上の比率が66.4％と高齢化している。家族経営体を基本とした従来型の農家では、子供など親族が後継者となっていたと思われるが、現在大勢を占めている65歳以上の基幹的農業従事者の子供世代は30代以上であると推測され、既に別の職業に就いている人が大半であると思われる。

　5年後、10年後には65歳以上の基幹的農業従事者は引退が視野に入ってくる年齢となるはずであり、従来型の農家の数が増加に転じるとは見通しにくい（**図表5-1**）。もちろん、完全引退とはならない農業従事者もいるであろうが、若い頃と同様の面積を耕作し続けるのは骨が折れると感じる人もそれなりにいるのではないだろうか。

　数的には多くはないが、ここ数年は組織経営体がやや増加している。従来型の農家が今後も減少していくとすれば、農業生産の中心は組織経営体に移行していかざるを得ず、また新規就農者のハードルを下げるためにも組織的経営体の増加が期待される。安倍政権の成長戦略（「日本再興戦略」、「未来投資戦略」）では、2023年までに法人経営体数を2010年比約4倍の5万法人とするとしている（2010年時に1万2,511法人、2016年時に2万800法人）。

　農業生産を行う組織としては、現状では農地所有適格法人、集落営農などが挙げられ、今後は農地所有適格法人への農業以外の一般企業の出資増加や集落営農のさらなる法人化などが進展すると思われる。さらに、農業以外の一般企業の農業への直接参入、農業協同組合（農協）による生産農家の組織化なども将来的には大きな流れとなるのではないだろうか。こうした組織化の進展は、農業の企業的経営の深化につながる

5.1 日本の農業の未来 —産業としての農業と社会的役割—

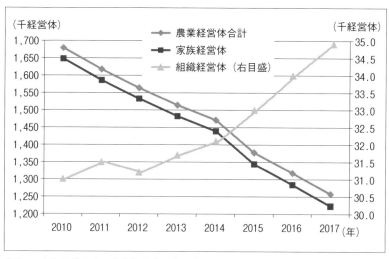

図表 5-1　農業経営体数

（注）　家族経営体は、農業経営体のうち家族労働を中心に世帯単位で事業を行う者で、家族の中に経営の決定権を持つ者がいる経営体（一戸一法人を含む）。組織経営体は、農業経営体のうち家族経営体以外の経営体で、法人（法人格を認められている者が事業を経営している場合を含む）もしくは法人でない団体。各年2月1日現在。
（出所）農林水産省「農業構造動態調査」より大和総研作成

と期待される。

　4.2 節でも触れたように、産業としての農業には生産性向上の余地があると考えられる。企業化された農業経営が大半を占めるようになると、効率的な経営を通じた収益拡大を目指すこととなり、産業としての農業の生産性向上の可能性が高まるであろう。

　前述したように、農業経営体全体としては、従来型の農家から組織経営体に移行していくこととなろう。その際、高齢な基幹的農業従事者は、小規模家族経営という形態での生産からは引退するにしても、まだまだ元気であるならば、組織経営体で活躍することも考えられる。組織経営体側にとっても、そうした高齢な基幹的農業従事者が蓄積してきたノウ

ハウは貴重な経営資源になると思われる。

　また、基幹的農業従事者とは別に、農業の組織経営体には生産のほか、販売、管理などさまざまな機能が求められる。本書では若者の新規就農に焦点を当ててきたが、生産現場以外の機能では他の産業での経験を積んだ人材を積極的に雇用することも考えられる。村落全体が高齢化している地域では、農業の組織経営体が高齢者雇用に貢献することも考えられる。金融部門から農業の組織経営体に転職して、今までの経験を活かして農業金融を積極的に活用するというケースも出てくるであろう。

高齢化が促す、農協の変革

　前述したような農家の状況は、わが国の農業の主要プレーヤーの一つである農協にも大きな変革を迫らざるを得ない。現状では、法改正をはじめとして、政府・与党側が農協に改革を求めている構図のように見えるが、農協自身も組織再編・変革の必要性は自覚しているであろう。農業生産者の高齢化の著しい進展は、農協の正組合員の高齢化の進展と並行しているものであり、正組合員が次世代に引き継がれていかなければ、農協自身も先細りとなってしまう。

　実際、単位農協の統合などは以前から進められている。しかし、第二次安倍政権以降の議論や法改正の下、再編・変革の動きはさらに加速している。前述したような基幹的農業従事者の高齢化を踏まえれば、農協の変革は待ったなしの状況にあると言っても良い。

　農協は、戦後70年近くに渡って地元農村と共に歩んできた実績がある。その間に蓄積した情報は戦略的資産でもある。地元農村の人々の状況、地勢や気候、それぞれの耕地の良否や作物との相性など、これらの情報は従来の地元の農業生産者を支えると共に、新規参入者のために活用できる資産である。農協自らが音頭を取って積極的に生産、販売、加工などの主要プレーヤーになる、つまりは農業の組織的経営を農協自身

が進めるという方向も考えられる。

　著しい高齢化の進展により、自前の田畑を持て余している農業生産者が年々増加している。耕作放棄して雑木が生えるようになってしまうと、再び農地として活用するのはかなりの苦労がかかるそうである。ある程度の年齢を超えると、若い頃に耕作していた範囲は手に余り、「借りてくれる人がいるならぜひ貸したい」との声もある。
　一方で、規模を拡大したい農業生産者や新規に農業参入したい企業や個人が存在する。他産業の企業と同様に新人採用するような農業生産企業が増加し、新規就農へのハードルが下がれば、農業に就職したいという潜在的ニーズが顕在化されるであろう。
　そうした農地を活用したい要望と農地を貸したい要請のマッチングを、農村に関する情報を持つ農協が、農地集積バンクと協働しつつ積極的に行っても良いであろう。そうすることで、農村で働く人を呼び込めれば、農協自身の持続性向上のための選択肢も広がるであろう。

"企業化する農業"への移行パターンの例

　農協などが持つ情報を基に農地集積バンクと協働して、田畑の貸し借りをマッチングして、めでたく農業生産企業が大規模な農地を確保したとする。その際、貸した側はかなり高齢になった基幹的農業従事者であったとする。そうした時、借りた側の企業の社員が、貸した側の基幹的農業従事者に田畑の現場でいろいろとノウハウを伝授してもらうということまで行えば、両者にとってより望ましい関係が生まれるであろう。
　高齢になって体力的にはかつてほどの作業量をこなせなくなっていたとしても、長年農作業をやってきた生産者はまだまだ元気である人が多い。そうした元気な高齢農業者に、借りた田畑の特性やその地域の気候

や風土と農産物の関係などを農業生産企業の社員に直接指導してもらえば、よりスムーズに農業生産が軌道に乗ると見込まれる。農地を企業に貸し出した生産者が、農地の一部は自分自身で耕作するように維持している場合でも、農業指導を兼務することはそれほど困難ではないと思われる。

農村ではそもそも若い人が減っていて、さまざまな農村の行事などの運営にも困るという話も聞く。農業生産企業が農村の外部の人間を雇用して、生産現場としての農村に呼び込めば、農村の活性化にも貢献することとなろう。

「豊かに自給する農業」の実現へ

いろいろと論じてきたが、最終的に目指すべきは「豊かに自給する農業」であろう。そもそもわが国は、カロリーベースの自給率に典型的なように、現時点では自給できていないと言える。しかし、江戸時代までは確実に自給できていたはずである。江戸時代は基本的に鎖国していたわけだからほぼ間違いない。たびたび飢饉、打ち毀し、一揆が発生しているので、豊かであったかというと貧しかったと言わざるを得ないであろう。

幕末の日本の人口は約3千万人であり、これが当時の技術での日本列島の養える人口の適正規模であったと考える。その後、わが国でも産業革命と近代化が進み、農業生産力の向上や輸送力の発展による農産物の需給ミスマッチ解消の進展などにより、日本列島として養える人口は増加したと考える。

現在の1億2千万人強のわが国の人口は、食料輸入を前提としている。しかし、いまある農地をフル活用し、さらに農地に転換できる土地を耕せば、1億2千万人強の食料自給は可能であるそうだ[19]。ましで、

わが国は人口減少の過程にあるのだから、しっかりと取り組むならば食料自給率100％達成は不可能なことではない。

現状では、農業生産が儲かる仕組みになっているとは言えず、そのことが農業への新規参入の意欲を殺いでいる側面もある。「豊かに自給する農業」では、農業生産者が経済的にもしっかり報われることが重要である。

なお、「豊かに自給する農業」とは、金銭的側面だけでなく、金銭で測れないような側面も含む。安全で多種多様な食品、地域の風土や伝統に則した加工法や調理法、それらを生産者と消費者がお互いに満足のいく形で生産、流通、消費のバリューチェーンが形成されることなどをも含めた豊かさである。自給できることが土台にある。

そうしたことを実現する手法として、本書のテーマである"企業化する農業"が大きな意味を持つ。そして、本書の主題である「変わる農業金融」は、「豊かに自給する農業」を実現するための"企業化する農業"を具体化するために、積極的に農業生産や6次産業化に関わっていく金融である。

---

19 20年近く前に聞いた話であるが、埼玉県小川町で有機農業を実践している金子美登氏によると、彼の実践に基づけば2haで10軒の台所を賄えるとのことで、単純計算で1家族（5人）20 aとして1人4 aということになる。農林水産省「作物統計調査」によると、2017年の耕地面積は約444.4万haなので、単純計算で1億1千万人強を養える計算になる。農地に転換できる土地の候補としては、ゴルフ場や学校の校庭などが挙げられるが、そうした土地を活用するのは、政治的あるいは物理的に自由貿易が機能しないような非常事態が発生した時の話である。

5.2 広がる、農業金融の可能性

他産業での金融機関の経験が活かせる農業の企業化

　農業分野でも徐々に企業化が進展しつつあるが、一般企業の農業参入については既に撤退などの事例も出ているようである。原因は個別にみればさまざまであろうが、やはり天候と土壌と農産物を相手とする農業は、マニュアル化されてこなかったさまざまなノウハウの集積であることが大きいと思われる。

　わが国の農業はこうしたノウハウを家族経営という形で次世代に伝授してきたが、そうした継承も限界に達していることは明らかである。農業の企業化推進は、農産物育成のノウハウ継承のシステム化と農業経営における近代的経営ノウハウの導入が肝であると考える。

　そのためには、一般企業と既存の基幹的農業従事者のノウハウの融合が求められるのではないだろうか。それらを通じて、いままで農業に関わりを持たなかったような若手世代が農業に就職できるような状況が生じてこそ、わが国農業の持続性と発展的な未来が確保でき、そのことが農業金融の活性化にもつながっていくこととなろう。

　こうした観点からは、他産業での事業承継や家業から企業への発展といった事例と相似形である。事業承継や家業から企業への転換は、当該事業のオーナーの意欲と決意がなければ進展しない。意欲や決意があってもそのための後継者や組織を作り上げる人材が内部にはいない可能性がある。

　その場合、新たな人材を募集するほか、他の企業との統合により解決を図ることも考えられるであろう。金融機関はそうした統合などの仲介を行ってきた経験がある。また、統合後の企業の円滑な運営や、あるいは事業の規模拡大への金融的支援や関連情報の提供なども金融機関が関

わってきた業務である。そうした金融機関がいままで積み上げていた経験が、農業分野での企業化にも応用できると思われる。

農業はまだまだ成長余地があること、また生命の根源を支え経済の基盤をなすものであること、などを念頭に置きつつ、金融機関が積極的に農業金融に取り組むことを期待したい。

農業の国際展開の可能性について

農業生産が効率的に行われると、生産物を効率良く販売しなければ、在庫の山となる。在庫ばかりが増えるようだと経営は成り立たない。4.2節でも少し触れたが、販路として、積極的に国際展開することも考えられる。成長戦略の最新版である「未来投資戦略2017」でも「2019年に農林水産物・食品の輸出額1兆円を達成する（2012年：4,497億円）」ことをKPIとし、農産物の輸出推進を政府としても後押しする姿勢を見せている。

「豊かに自給する農業」実現のその先、あるいは同時並行的に進むものかもしれないが、わが国の農業は本質的に国際展開の可能性を持っている。既に和食の食材として、安全で美味しい食品として、わが国の農産物の一部は輸出競争力を持っている。農産物の輸出額はここ数年伸び続けている（**図表5-2**）。

さらに、農業のノウハウの輸出も考えられよう。古い話になるが、第二次世界大戦時、当時の偏見により荒れ地に強制移住させられたアメリカの日系移民は、その荒れ地で農産物生産に成功し、周囲のアメリカ人を驚かせたという。その他にも日本国内の動乱などで敗者側に回った人々が、従来は耕作適地と思われなかった土地で農産物生産に成功したという事例は枚挙に暇がない。さらに海外農業企業との提携（買収含む）なども考えられる。

こうした国際展開を考える際、輸出や提携の仲介において、金融機関

第5章 農業の"これから"

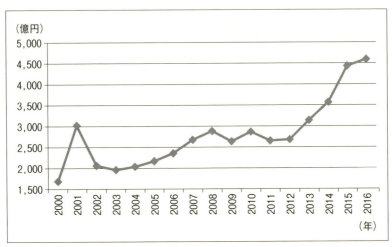

図表5-2 農産物輸出額

(注) FOB価格（Free on Board、運賃・保険料を含まない価格）。
(出所) 農林水産省「農林水産物輸出入概況」より大和総研作成

は役割を果たせるであろう。金融機関自身の海外ネットワークの活用のほか、海外ネットワークを持つ他産業の企業を農業生産企業に紹介することなども考えられる。そうして農業生産企業が海外展開を図る際の資金需要に応えることも、また農業金融の一環と言えよう。

変わる！農業金融

　本章は「農業の"これから"」ということで、企業化した農業が減反政策廃止を実のあるものにし得ること、基幹的農業従事者の引退は企業化した農業への移行によりカバーし得ること、農協も農業の企業化に関わっていくことになると思われることなどを提示してきた。さらに、企業化した農業の国際展開の可能性も十分考えられることを示した。

　金融機関はこれらの動きを支援する可能性を持ち、農業およびその周

5.2 広がる、農業金融の可能性

辺分野で自らの新たなビジネスチャンスを広げ得ることを記してきたが、読者諸氏にうまく伝わっただろうか。農業そのものに携わる方々や農業に関わりを持とうとする金融機関関係者、さらに新たに農業に参入しようとする個人や企業の方々が、本書を読んで、「変わる！農業金融」の未来に関心を持ち、実践に移す動きが広がることを期待したい。

第5章　農業の"これから"

コラム　リン不足は渡り鳥が解決する？

　農業関係者以外の話題に上ることは多くはないようだが、農業の将来を考える上で、リンの不足という大問題がある。

　食糧生産には欠かせない肥料の三要素として、窒素、リン酸、カリウムがあるが、このうち、特にリン酸を産出するリン鉱石の枯渇が危惧されている。わが国ではリンの原料は全量輸入に頼っているのが現状である（独立行政法人石油天然ガス・金属鉱物資源機構（JOGMEC）『鉱物資源マテリアルフロー2016』（2017年1月）の情報に基づく）。

　一方、竹村公太郎氏は、鳥類のフン（リンが含まれる）に着目し、「リン鉱石と石油が枯渇していく21世紀、世界中の農業は危機に直面する」「しかし、どうやら日本農業の存続は可能なようだ。なぜなら、日本列島は世界の渡り鳥の中継点である」（竹村公太郎『日本史の謎は「地形」で解ける【環境・民族篇】』（PHP文庫、2014年）136〜137頁）として、渡り鳥が立ち寄りやすい環境の整備を提唱している。具体的には、「干潟や湿地の保全と復元、そして冬みず田んぼの整備、下水道の肥料工場への変身」（前同137頁）を進めるべきとしている。

　なお、「下水道の肥料工場への変身」については、JOGMECの『鉱物マテリアルフロー』の2013年版に「国土交通省では、下水汚泥からのリンをリサイクルする方法を検討しているが、実用化には至っていない。企業では、日本燐酸が下水汚泥の焼却灰をリン酸原料代替物として利用するリサイクルに取組んでいる」との記述があり、2014年版では日本燐酸のほか、下関三井化学の取り組みにも触れている。

　しかし、「肥料用で消費されるリンは、化学肥料から作物・土へ流れ人体や家畜など自然へと循環するため、使用済みの製品からの回収が大変難しい」と2013年版に記述があり、2014年版、2015年版でも同様の記述がある。

　渡り鳥のフンの活用や下水汚泥からのリンの抽出技術が確立されれば、わが国農業の資源面からの懸念はかなり薄らぐこととなろうが、後者はいまのところ難しいようである。

　フンの活用によるリンの確保ということは、かつてのわが国では普通に

行われてきたことである。

　そもそもわが国は、「豊葦原之千秋長五百秋之水穂国」(古事記)、「豊葦原千五百秋瑞穂国」(日本書紀)と美称された国土であり、渡り鳥の中継点であることも含めて、本質的に農業に向いた土地柄である。南北に長く起伏に富んだ国土は、四季の移り変わりと共に、国全体としてさまざまな農産物の生産を可能としている。こうした利点を再認識し、積極的に活かしていくことが求められる。

参考文献

『古事記』倉野憲司校注、岩波文庫、1963年
『日本書紀(上)全現代語訳』宇治谷孟訳、講談社学術文庫、1988年
「JAによる農産物買取販売の課題」尾高恵美著、『農中総研　調査と情報』農林中金総合研究所発行、2015年7月号
「【コラム・目明き千人】委託販売こそが農家にメリット」原田康著、農業協同組合新聞、2016年10月21日
『敵を作る文明　和をなす文明』川勝平太、安田喜憲著、PHP研究所、2003年
『日本史の謎は「地形」で解ける【環境・民族篇】』竹村公太郎著、PHP文庫、2014年

索　引

【数字】
6次産業化 …………………… 52

【英字】
A-FIVE ………………………… 76
JA信連 ………………………… 60
JA全中 ………………………… 39
JA全農 ………………………… 40
JA中央会 ……………………… 39
JAバンク ……………………… 44
KPI …………………………… 31
PDCA ………………………… 31

【あ行】
委託販売 ……………………… 41

【か行】
買取販売 ……………………… 41
ガバナンス …………………… 105
官民ファンド ………………… 78
官民連携ファンド …………… 76
基幹的農業従事者 …………… 16
規制改革実施計画 …………… 29
経営戦略 ……………………… 105
兼業農家 ……………………… 18
減反政策 ……………………… 5
耕作放棄地 …………………… 17
米の生産調整 ………………… 30

【さ行】
市場の失敗 …………………… 100
地主―小作関係 ……………… 2
集落営農 ……………………… 29
准組合員 ……………………… 62
小規模家族経営 ……………… 3
情報の非対称性 ……………… 100
植物工場 ……………………… 54
食糧管理法 …………………… 5
食料自給率 …………………… 13
食料・農業・農村基本法 …… 5
食糧法 ………………………… 5
新規就農者 …………………… 21
新人教育システム …………… 49
身土不二 ……………………… 108
正組合員 ……………………… 62
政府の失敗 …………………… 100
組織経営体 …………………… 7

【た行】
地産地消 ……………………… 55
地方創生 ……………………… 46

【な行】
担い手 ………………………… 28
日本公庫 ……………………… 61
日本再興戦略 ………………… 28
日本政策金融公庫 …………… 53

認定農業者 …………………………… 36
農業委員会 …………………………… 28
農業基本法 …………………………… 5
農業競争力強化支援法 ……………… 28
農業協同組合法等の一部を改正する
等の法律 …………………………… 5
農業近代化資金 ……………………… 66
農業経営改善関係資金 ……………… 66
農業経営基盤強化資金（スーパーL
資金）………………………………… 66
農地解放 ……………………………… 2
農地耕作者主義 ……………………… 19
農地集積バンク ……………………… 32
農地所有適格法人 …………………… 22
農地中間管理機構 …………………… 31
農地法 ………………………………… 5
農地利用最適化推進委員 …………… 36
農泊 …………………………………… 51
農林漁業成長産業化支援機構 ……… 76

農林水産業・地域の活力創造プラン
…………………………………… 40
農林中金 ……………………………… 60

【は 行】
法人経営 ……………………………… 29

【ま 行】
瑞穂の国 ……………………………… 25
未来投資戦略 ………………………… 29
民間金融機関 ………………………… 53

【や 行】
有機農業 ……………………………… 106

【ら 行】
リスク ………………………………… 53
リターン ……………………………… 53

著者略歴

中里　幸聖（なかざと　こうせい）
株式会社大和総研　金融調査部　主任研究員。日本証券アナリスト協会検定会員。
1967年生、埼玉県出身。1991年慶應義塾大学経済学部卒、大和総研入社。企業調査第二部、経済調査部、(財)年金総合研究センター（現（公財）年金シニアプラン総合研究機構）出向、経営戦略研究部、金融・公共コンサルティング部を経て、2011年より現職。
専門はインフラおよびインフラファイナンス、公共ファイナンス、農業金融など。専門に関連する記事を多くの専門誌に寄稿。共著に『日本の交通ネットワーク』（中央経済社、2007年）、『明解　日本の財政入門』（きんざい、2016年）など。

変わる！農業金融
儲かる"企業化する農業"の仕組み　　　　　　　　　　　　　　NDC 611

2018年2月16日　初版1刷発行　　　　　　　　　　　　　（定価はカバーに表示してあります）

Ⓒ　著　者　中里　幸聖
　　発行者　井水　治博
　　発行所　日刊工業新聞社
　　　　　　〒103-8548　東京都中央区日本橋小網町14-1
　　電　話　書籍編集部　03（5644）7490
　　　　　　販売・管理部　03（5644）7410
　　ＦＡＸ　03（5644）7400
　　振替口座　00190-2-186076
　　ＵＲＬ　http://pub.nikkan.co.jp/
　　e-mail　info@media.nikkan.co.jp
　　印刷・製本　新日本印刷（株）

落丁・乱丁本はお取り替えいたします。　　2018 Printed in Japan
ISBN978-4-526-07803-3
本書の無断複写は、著作権法上の例外を除き、禁じられています。